宇宙旅行ができるのは特別に選ばれた宇宙飛行士だけでしょうか？　私たちのかけがえのない青い地球を宇宙から眺めることができるのは厳しい訓練に耐えた超エリートのプロフェッショナル限定なのでしょうか？　いいえ、そんなことはありません。今や宇宙空間は一般の人たちに開放されようとしています。宇宙観光旅行の提供を目指すアメリカのヴァージン・ギャラクティック社の創者ら５人が宇宙旅行に成功しました。今年（２０２１年）の７月のことです。達高度は80キロメートル、無重力状態を楽しんだのは4、5分でしたが、「新し宇宙時代の幕開け」と創業者ブランソン氏が宣言したのも誇張ではありません。ブランソン氏にわずかに遅れて、アマゾンの創始者ジェフ・ベゾス氏が宇宙旅行を成功裏に行って、宇宙商業利用の開始をアピール。ベゾス氏自らが創業したブルー・オリジン社が打ち上げたロケットは、１０５キロメートルの高度に達しました。

この二つのイベントは、マスコミによる扱いは地味だったものの、宇宙開発の歴史に残ることは間違いありません。民間の会社による一般人の宇宙観光旅行に道を開いたイベントとして。

宇宙のきほんにまつわるQ&A

本書に登場する宇宙のトピックスのいくつかをQ&A形式で簡単にご紹介しましょう。短い言葉では説明し尽くせない部分については各章で詳しく述べています。冒頭から順にお読みいただくのでも、興味がわいた章から読んでいただくのでも結構です。

Q 宇宙ってどこまで広がっているの？

A 宇宙の大きさは日常的なスケールをはるかに超えているので、縮小して考えてみましょう。私たちの住む地球の直径を1ミリメートルとすると、宇宙空間の大きさはなんと直径70兆キロメートル！　単位を揃えてゼロを並べる形で表現すると、地球の直径1に対して、宇宙の直径は70,000,000,000,000,000,000にもなる広大な空間なのです。この表現は控えめで、宇宙論の研究者の間では、宇宙は無限に大きいという説も有力です。

→この話題は第1章に

Q　ブラックホールって、一体なに？

A　ブラックホールは、ものすごく密度の高い小さな領域で、その強力な重力のために、物質はもちろん、光さえ外に出ることができないような不思議な天体です。寿命の尽きた星が潰れてブラックホールができることは定説となっていますが、それ以外にもさまざまな種類のブラックホールが見つかっており、中には太陽の質量の400億倍などという超巨大ブラックホールもあって興味は尽きません。ブラックホールは今でもホットな研究対象なのです。**→この話題は第5、8章に**

Q　ロケット打ち上げのときの音は、どのくらいの大きさ？

A　「ロケットは轟音とともに空に消えていきました……」という表現をよく耳にします。では、一体どのくらい大きな音なのかというと、聴覚に異常をきたすといわれているジェット機のエンジン音圧の7.5倍。そばにいると聴覚どころか、人間の命も脅かすようなレベルの音です。ロケットに搭載する機器にはこの音響に耐える強度が要求され、また有人飛行のロケットの場合には格別の防振への配慮が必要なのです。

↓この話題は第4章に

Q スマホを持って宇宙に行ったら、地球に電話をかけられる？

A 私たちが日常使っているスマホは、そのまま宇宙に持って行っても使えません。主な理由は二つあります。一つには、スマホは地表を数キロメートルの大きさの領域に分割して、その領域の中で通信を確保しているから。宇宙空間は「圏外」なのです。もう一つのより深刻な理由は、宇宙には危険な放射線が降り注いでいるからです。地球から持って行ったスマホに用いられている部品の多くは、放射線の影響ですぐに壊れてしまい、使うのは困難です。

↓この話題は第4章に

Q 人工衛星って、何のために打ち上げるの？

A 放送、気象、GPSなど、生活に直接役に立つ実用衛星はご存知の方も多いでしょう。しかし、この他にも、科学研究、人類のフロンティアの拡大、科学技術のけん引、国威発揚、防災、軍事など、さまざまな目的で人工衛星が打ち上げられます。本書では、科学研究に関連した宇宙開発に注目します。科学衛星や惑星探査機は、直接の経済効果ではなく、人類の持つ基本的な欲求、真理の探究を通して知的好奇心を充足することを目的としています。

↓この話題は第5章に

Q 宇宙空間に打ち上げられた人工衛星が落ちてこないのはなぜ？

A 地球を回る人工衛星は落ちてこないように見えますが、実際は落下し続けているのです！　本来、地球の重力に引っ張られなければ、ボールでも人工衛星でも、どこまでもまっすぐに飛んでいくはずです。ところが、実際には地球の重力に引っ張られるので、直線運動はできずに地球に向かって落ちていきます。とはいえ、私たちの上に落ちてくる心配はありません。人工衛星の進む速度は猛烈に速いので、落下する先は地面ではなく、はるか上空の軌道上です。

↓この話題は第3章に

Q 何の目印もない宇宙空間で、探査機が目的地にたどり着けるのはなぜ？

A 探査機「はやぶさ2」は、遠く離れた小惑星「リュウグウ」からサンプルを持ち帰ることに成功し、大きな感動を呼びましたね。惑星探査機は目標天体に直線的に到達するわけではありません。地球から探査機に電波を送り、折り返されてきた電波を測定してコンピューターで軌道を解析します。火星や小惑星など遠くの天体に行くときには驚くほど高い精度で軌道を決めて、軌道修正を繰り返すことでようやく目標天体にたどり着くのです。地球への帰還も同様です。

↓この話題は第7章に

Q 私たちと仮想の星Xに住むX星人は仲良くなれますか？

A 地球人とX星人はまったく異なる環境に住んでいて、それぞれの環境に適合した常識を持っています。例えば、人間に見えるもの、聞こえる音と、X星人に見えるもの、聞こえる音の種類はまったく違います。両者の感覚の違いはあまりにも大きいので、常識もかけ離れていて、もし両者が出会ったら、お互いに相手がとてつもなく風変わりな生物だと思うことでしょう。お互いを理解するには双方にかなりの努力と想像力が必要でしょうね。

↓この話題は第２章に

Q ビッグバンが宇宙の始まりなら、その爆発的な膨張はどうやって始まったの？

A ビッグバンに先立ち、インフレーションと呼ばれるとてつもなく急激な宇宙の膨張があったというのが、有力な説です。宇宙誕生の一瞬の後に始まり、一瞬の後に終わったインフレーションは、エネルギーをマジックのように生み出しました。相転移という現象により、このエネルギーがビッグバン初期の超高密度、超高温の状態を作り出した、というシナリオが１９８１年に提案され、その後、宇宙の観測から裏付けるデータが次第に得られてきました。

↓この話題は第８、９章に

Q 宇宙は実は1つではなく、たくさんあるって本当ですか？

A 「多元宇宙」はちょっと前まではSFの世界の架空の話でしたが、さまざまな種類の宇宙が科学のまな板の上で、現実味を持って議論されるようになりました。その一つはインフレーション宇宙論が示す「多元宇宙」です。私たちの宇宙とは情報も物質もやり取りのできない別の宇宙が無数にあるというのがこの理論の帰結です。しかも、それらの宇宙は、物理法則そのものが我々の宇宙とは異なるという、不思議な世界なのです。

↓この話題は第9章に

Q 広大な宇宙論と、極微の素粒子論が密接に関係するのはどうして？

A 宇宙が無から生まれてまだごく小さかった頃、そしてその後の進化の過程を調べるには、極微の世界を理解する必要があります。また、ブラックホールのように小さな領域にとてつもなく高い密度で粒子が集まった状態を調べるにも、素粒子論が活躍します。もともと素粒子の研究者が宇宙論に興味を抱いて研究領域を広げる例も多く、最近注目されている「超弦理論」は素粒子の研究の最前線にあり、かつ宇宙論の強力な推進力としても期待されています。

↓この話題は第８章に

Q 自然を超越した神様が宇宙を創造したと考えるのは非科学的ですか？

A そんなことはありません。科学は、宇宙自体の誕生の謎、物質、エネルギーが何もない真空からマジックのように生まれた謎などを次々に解き明かしてきました。科学者はあらゆる事象を統一的に説明する万物の理論を探し求めています。それが完成した暁には、すべての謎が解けるのかというと、依然として「万物の理論はどうやって生まれたか」という不思議さが残るでしょう。つまり、宇宙創造に関して、神様と科学はどこまでいっても折り合えないように思います。

↓この話題は第９章に

ＪＡＸＡの先生！　宇宙のきほんを教えてください！　目次

はじめに

小さな水槽の中の熱帯魚をあなたが観賞しているとしましょう。水槽の中は、ちょっと不自然な原色のサンゴで飾られ、水草が妙にゆっくりとした周期で揺れてシュールな小宇宙を作っています。メダカほどの大きさの熱帯魚が5、6匹、ときどきLEDランプの照明光を鋭く反射して、稲妻のような光を放ちながら優雅に泳いでいます。熱帯魚たちはあくせくと働く必要もなく、いさかいもないユートピアでうらやましい生活を送っているように見えます。

でも……と、心優しいあなたは考えます。深さ30センチ底面は40センチ四方の水槽の外を知らないまま一生を終える熱帯魚は何と哀れなことか。水槽の外に広がる世界には、熱帯魚が夢想すらしないような丘がうねり、山々が高くそびえ、海洋が広がっている。空には1.5億キロメートルかなたに太陽が輝き、夜になると半径470億光年の宇宙に散らばる星が光を送ってくる。迷路のように道が入り組んだ都会もあれば、地平線まで見渡せる草原もある。氷に閉ざされた極地もあれば、すべてを焼き尽くしそうな灼熱の砂漠もある。このように変化に富んだ素晴らしい外界を知らずに死んでいく熱帯魚は何と不幸なのだろう……とあなたは同情し始めます。

熱帯魚に常識というものがあるとするならば、それは、水槽内のわずか48リットルの水、外界と水を隔てる透明の壁、そしてこの原色のサンゴと水草のフラダンスに限定されます。ときに外から覗き込む人間の顔――水と分厚い水槽のガラスで屈折するためひどく歪んだ顔――も、熱帯魚の常識の一部になっているかもしれません。それだけが熱帯魚の知り得る世界です。

もし、熱帯魚の一匹がアインシュタインのような天才物理学者だったら……とあなたの夢想は広がります。そのアインシュタイン熱帯魚は、水槽の中の水の動きを観察して流体力学を確立するかもしれない。水槽の外からやって来る光を見て、屈折の法則を発見し、外に見える世界の歪みを理論的に補正して、外界の様子を調べるかもしれません。しかし、そこまでが限界でしょう。気の毒な熱帯魚は、水槽の中の小宇宙に暮らす限り、本当の世界を知ることはない……とあなたはため息をもらします。

しかし、ちょっと待ってください。熱帯魚と人間は、認識する環境が限定的であるという意味ではそれほど大きな違いはないのかもしれません。つまり、私たちの日常的な常識をはるかに、はるかに、はるかに超えるような、広大な宇宙の中では砂粒のようにちっぽけな地球……そこにしがみついて一生を終える人間は、ずいぶん限られた世界で人生を終えることになります。あなたは熱帯魚のごく限られた、そして偏った常識を気の毒がることが、本当にできるのでしょうか。

仮に地球を直径1ミリメートルの砂粒に縮小してみましょう。そのとき太陽までの距離は12メートルほどになります。そして、太陽系が属している天の川銀河の直径は、このスケールでは95万キロメートルもあります。さらにこのような銀河が1000億個も浮かんでいる宇宙全体の直径は、何と70兆キロメートルという途方もない大きさです。1ミリメートルの地球を筆者が宇宙の砂粒と呼んだのは、誇張ではなく、むしろ控えめなたとえでしょう。

本書では、このような観点から私たちの世界を見直してみたいと思います。私たちのいわゆる常識は、この途方もない宇宙の中ではごく限られていて、しかも著しく偏っていることは間違いありません。水槽の中の熱帯魚と人間は、その意味では似たりよったりでしょう。

しかし、再び、ちょっと待ってください。人間は熱帯魚にない、素晴らしい能力を持っています。そうです、想像力。本書ではこの想像力を全開にして、驚異に満ち満ちた宇宙を探検してみたいと思います。そして、私たちが常識として理解しているつもりの宇宙が、いかに意外性に満ちているかを実感してみましょう。

その過程で、原子よりもずっと小さな極微の世界から数百億光年のスケールの宇宙のかなたまで旅をしてみましょう。そして、創造主としての意志を持った神の存在を科学はどのように脅かしてきたか、など哲学的な側面も考察してみたいと思います。

また、工学的な視点から人工衛星の仕組みや火星探査機の考え方を調べてみることにしましょう。さらに、太陽系を飛び出してブラックホールや不思議な中性子星などの極限の世界を覗いてみたいと思います。いいえ、それだけではありません。私たちが決して情報をやりとりできない別の宇宙——多元宇宙——の世界にも私たちの想像力の網を拡げてみようではありませんか。

あなたの持っている地球上の常識と宇宙スケールの常識を比べてみましょう。さらに、別の宇宙の知的生物の常識、あるいは高度のＡＩを持つ将来のロボットの持つ常識にも思いを致してみましょう。

さあ、筆者とともに宇宙に飛び立ちましょう。筆者が宇宙に対して抱くワクワク感が、本書を通して読者のみなさんに多少なりとも伝われば、望外の喜びです。

第１章

宇宙は常識では推し量れない

宇宙ステーションの意外な軌道

人類初の人工衛星スプートニクが打ち上げられたのが1957年、この年にオギャーと生まれた人もとっくに還暦を過ぎました。この60数年の間の宇宙技術の進歩は目覚ましく、今や宇宙ステーションに人間が長期間滞在する時代になりました。南極に恒久的な基地があるように、月面基地が作られるのもそんなに先のことではないでしょう。また、火星の有人探査も検討されています。特別な訓練を受けた宇宙飛行士だけでなく、一般の人たちが宇宙旅行に出かけるようになるのも、間もなくです。すでに米国では国の機関（ＮＡＳＡ）ではなく、民間の数社が宇宙観光事業に乗り出しています。

例えば、本書のプロローグに登場したヴァージン・ギャラクティックという会社は、5年も前から宇宙旅行の予約受付を始めていて、2021年8月の時点で600人を超す顧客が予約金を払い込んでいるとのことです。この観光旅行では約4分間の宇宙体験をすることができます。一人当たり2800万円という値段を高いとみるか安いとみるかは人によって意見が異なるかもしれませんが、今後の受付分からは、値上げをして5000万円ほどになるそうです【1-1】。

このように、人類による目を見張るような急ピッチの宇宙技術の進歩を見て、私たちはすでに宇宙を征服した、または征服する日も近いと考える人も多いかと思います。しかし、実はそれはとんでもない誤解だということを本章でお話ししたいと思います。そして、宇宙の大きさと人間の常識の限界について考えてみたいと思います。

ここで、ちょっとしたクイズです。日本人の宇宙飛行士も大活躍をして注目されている国際宇宙ステーション（本章ではＩＳＳと略称で呼ぶことにします。International Space Stationの頭文字です）の軌道に関する問題です。**図１―１**をご覧ください。この図はＩＳＳの軌道と地球の関係を表しています。実線で描いた円が地球、その周囲を囲んでいる点線は地球の周りを回るＩＳＳの軌道です。正しいＩＳＳの軌道は、(a)、(b)、(c)のどれでしょう

【１-１】BBC News（オンライン）２０２１年８月６日
https://www.bbc.com/news/business-58120009

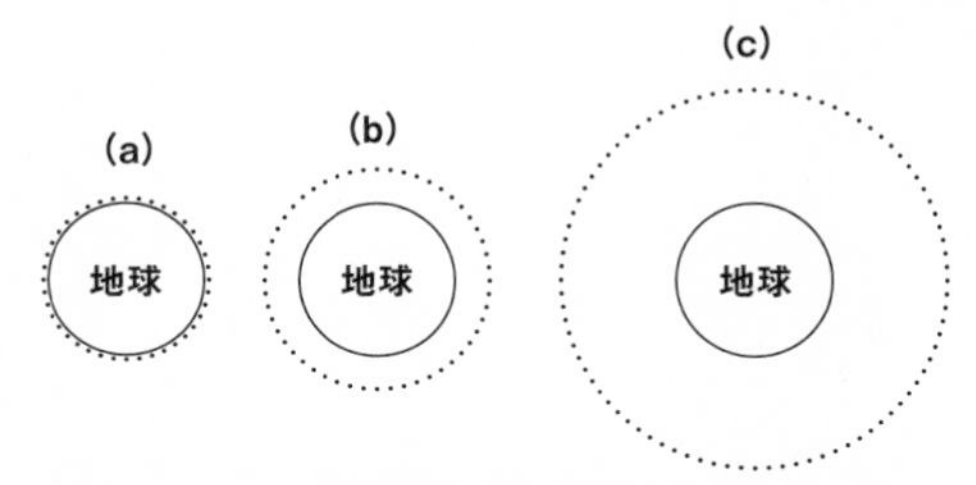

図１―１　点線で示した宇宙ステーションの軌道はどれが正しい？

か？

多くの読者は、(b)または(c)を選んだのではないでしょうか。正解は(a)です。ＩＳＳの高度は地表から約４００キロメートル、地球の直径は1万３０００キロメートル弱ですから、高度は地球直径の３％に過ぎません。つまりＩＳＳは地球にへばりつくように地表スレスレを飛んでいるといってよさそうです。白状するなら、実は筆者も長らく、漠然と**図1―1**の(b)のようなイメージを持っていました。あるときふと気づいて計算してみて、常識のあやうさを改めて感じた次第です。

ＩＳＳに搭乗した宇宙飛行士が「宇宙から地球を眺めて、その丸さを実感しました」とか、「宇宙から見る地球に国境は描かれていないことを再認識しました」というような感想を漏らすのを聞いて、どうしても(c)のような印象を持ってしまいますね。

先にご紹介したヴァージン・ギャラクティック社の提供する予定の宇宙体験は、高度１１０キロメートルですから、ＩＳＳの4分の1の高さです。この図の(a)よりもずっと地球に近いわけで、ほとんど実線で描いてある地球の線の太さの中に入ってしまいそうですね。

宇宙は途方もなく大きい

本書の「はじめに」で、地球の大きさを直径１ミリメートルの砂粒にたとえましたが、ＩＳＳに搭乗する宇宙飛行士は、この砂粒の周りをほとんど（０・03ミリメートルしか）離れることなく周回しています。そして、この縮小率で宇宙全体の直径を見直すと、70兆キロメートル（70,000,000,000,000キロメートル）です。

ちょっと「天文学的」数字が並んでいて、筆者にもピンとこないので、整理してみましょう。直径１ミリメートルの砂粒が地球です。その砂粒から０・03ミリメートル離れた宇宙空間（！）に進出した宇宙飛行士。そして、その砂粒は直径70,000,000,000,000キロメートルの宇宙空間に浮いていることになります。なんだか頭がクラクラして、想像力の限界を感じてしまうのではないでしょうか。実は、筆者も同様です。

でも実際の宇宙は、ここで調べた大きさよりもずっとずっと大きい、無限に大きいという考え方が最近の宇宙論の主流になりつつあります。

宇宙の大きさというのは、よく質疑応答などで取り上げられますが、実はかなり深い宇宙論の概念につながっています。そして、まだ諸説があり、研究者の間でコンセンサスが得られているとは到底言えません。ここではその入り口の議論を少しだけ覗いてみましょう。

宇宙には始まりがあり、生まれた直後にビッグバンと呼ばれる爆発的な膨張があったこと、そして現在に至るまでの138億年間その膨張が継続しているというのは定説になっていると言ってよいでしょう。138億年昔に宇宙が誕生したとすれば、いかなる望遠鏡でもそれより昔にさかのぼって宇宙の姿を見ることはできません。「光が1年間に進む距離を1光年と呼ぶ」と定義すると、宇宙誕生以前の天体――つまり、138億光年よりも遠くの天体――は存在しないはずですね。

よく耳にするのは、138億光年以上遠くには宇宙は存在しないわけだから宇宙の大きさは138億光年だ、という誤解です。実際には宇宙は膨張しているので、今では宇宙の果ても大きく後退してしまっています。そして、現在は470億光年のかなたにその限界があることが分かっています。つまり、光の速度が有限なために、地球から見える宇宙の範囲には限界があり、その限界をもって宇宙の大きさとするわけです。

ただこの値を「宇宙の大きさ」と呼ぶのは不正確で、「私たちの宇宙の大きさ」というのが妥当です。「私たち」の宇宙の外側には、まだ見えていない宇宙が広がっていて、その果てはない――無限に広がっている――というのが有力な説になっています。

さらに、第8章、第9章でご紹介する宇宙インフレーション理論では、ビッグバンは無数にあちこちで起こっていて、お互いに情報の交換できない宇宙は無数にある、そして永遠にそれは増え続けるという不思議な宇宙のイメージが有力な説となっています。

ところで、人間の常識は身の回りの尺度を基準にしているので、その尺度をはるかに超えるようなスケールはどうしても想像するのが困難です。長さの尺度でいうなら、昔の尺貫法が見事に常識に準拠しています。1寸（約3センチメートル：指の関節と関節の間の長さに近い）、1尺（約30センチメートル：手のひらから肘までの長さに近い）、1間（約1.8メートル：身長に近い）、1里（約4キロメートル：一時間ほどで歩いて一休みしたくなる徒歩の距離）などは、人間の常識にぴったりで、長さや距離を具体的に認識するのに適しています。面白いことに、ヤードポンド系の1フィートは1尺に近いし、1インチは1寸に近いですよね。人間の身体を目安にした長さの表現は、洋の東西を問わないようです。

一方、メートル法の定義として、「1メートルとは1秒の299792458分の

1の時間に光が真空中を進む距離」なんていわれてもピンときません。いわんや、天文では頻繁に見かける単位、例えば1光年（光が1年かかって進む距離）とか、1パーセク（年周視差が1秒角となる距離）など、まったく想像できませんね。それとは逆に、人間の身体の大きさを基準として、小さい方も常識から外れます。1ミクロン（1000分の1ミリメートル）とか1オングストローム（1億分の1センチメートル）なんていうのも、すごく小さいということは分かっても、今ひとつピンときませんよね。極微の素粒子物理で最先端の研究分野となっている超弦理論では、10^{-33}（0・000000000000000000000000000000001）センチメートルという、途方もない極微の世界を扱っています。こうなると、ちょっと人間の想像力には手に負えないですね。

　宇宙の大きさの話から脱線して、小さい方の話になってしまいました。極大と極小の世界の話は実は深く関係しているということについては第8章で考えてみることにします。本章でお話ししたかったことは、ここ60年ほどの間に、人類が宇宙に進出し始めたとはいっても、宇宙全体の途方もない大きさからみると、ごくごく一部分を探検しているに過ぎないということです。しかも、後の章でお話しするように、「私たちの宇宙」——直径940億光年の大きさの、この宇宙——は、無数にある多元宇宙の一つに過ぎないという有力な説すらあります。途方もない宇宙のスケールに私たちは圧倒されずにはいられませんね。人類が宇宙を征服するなんていうのは、当分ありえないことがお分かりいただけると思います。

本書では、さまざまな観点から人間の常識と現実の世界との途方もないギャップについて調べてみることにしたいと思います。

宇宙から見る地球は？

先に、国際宇宙ステーション（ISS）の話題が出ました。ここではISSから地球がどのように見えるかを考えてみます。これも、人間の常識に少し反する結果を含んでいるので、そのちょっとした意外性をお楽しみいただければ幸いです。

ISSは、無重力を利用した科学実験や宇宙空間からの地球や天体の観測などが直接の目的です。しかし、より根源的には、宇宙空間に人類が恒久的に滞在するという動機があると言うことができるでしょう。ISSは、人間のDNAに刷り込まれた生存域の拡大という本能による帰結とみることができます。というのも以下のような背景があるからです。

振り返ってみると、人類の歴史は、フロンティア拡大の歴史であったとみなすことができます。穴居時代には、おそらく生活の範囲は住居から数十キロメートルに限定されていたことでしょう。やがて村落ができ、さらに国家と呼べるようなものが生まれると、人類の活動は数百キロから千キロを超える範囲まで拡大していきました。そして、15世紀の大航海時代を迎える頃には、海のかなた1万キロメートルを超えて新天地を求めました。21世紀の現代では、南極やヒマラヤまで観光旅行の対象となり、地球上のフロンティアはほぼ消滅してしまいました。人類が宇宙に、最後のフロンティアを求めたのは、必然と言ってよいでしょう。

ISSから地球を見たときの視野のお話の前に、ISSそのものの概要をご紹介しましょう。**図1—2**は外観です。重さ（厳密には、無重力の宇宙空間では「重さ」はゼロですから、「質量」というべきでしょう）は、420トン、大きさはサッカーフィールドと同じくらい。巨大ですね。米国が中心となり、世界15の国が建設、運用に参加してきたというのですから、壮大な国際協力です。日本人宇宙飛行士も今までに数多くISSに滞在し、科学実験や運用に多大な貢献をしてきました。冷戦時代に、米国が当時のソビエトに対抗して宇宙空間に人間を半恒久的に滞在させるプロジェクトとして計画しました。当初ニックネームを「フリーダム」としたところにも、自由の制限されているソ連への対抗意識がうかがわれます。ソビエトが崩壊した後はロシアもこの計画に参画するところとなり、名前も国際宇宙ステーション「アルファ」と変わりました。

前置きが長くなりましたが、本論に戻ります。宇宙空間から見た地球はどんな形をしている

©JAXA

図1－2　国際宇宙ステーションの外観

のでしょうか。もちろん、地球儀のような球が見える、と思う読者が多いことでしょう。ところが、実際には地球の半球全体を見ることはできないのです。

先にＩＳＳが地球の表面にへばりつくように回っていることをお話ししました。このような低い軌道から地球を見ても丸く見えることは間違いありませんが、実際には地球の半球全体が見えているわけではありません。**図１−３**をご覧ください。この図に点線で示したのは、宇宙飛行士の視界の限界です。この点線は円錐の側面に沿っていて、その円錐が地球表面から切り取った部分（図に灰色で示した部分）が宇宙飛行士が見る地球です。

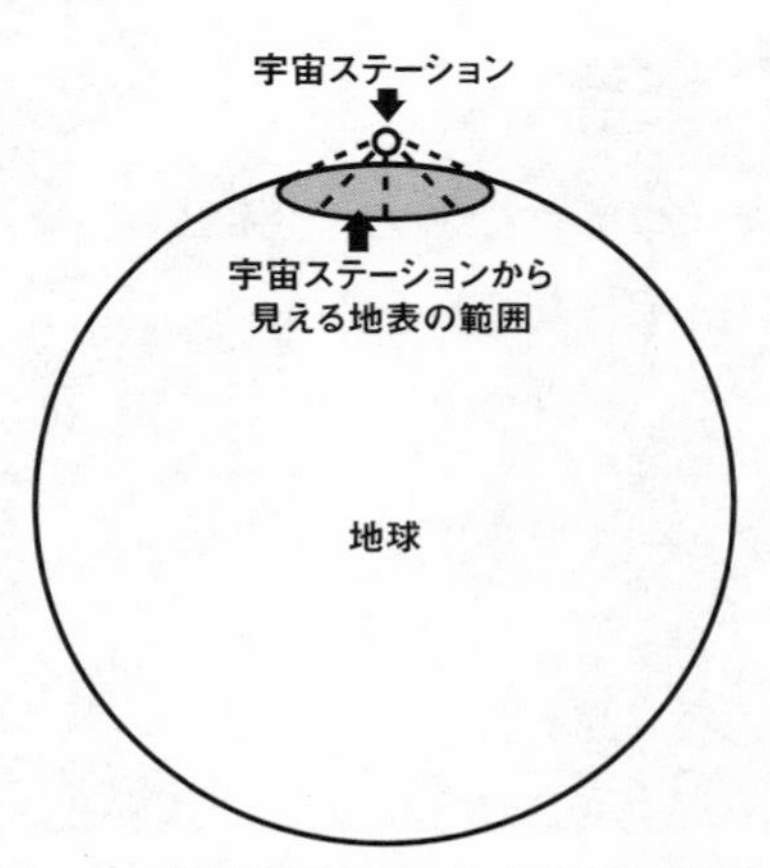

図１−３　宇宙ステーションから見る地球

宇宙ステーションから見えるのは地球のごく一部分――地球の半球の表面積のわずか６％弱――に過ぎません。宇宙ステーションが地球に近すぎて、地表を一望することができないわけですね。

もっとも地球の半球全体を見ることは、いくら地球から遠ざかっても原理的には不

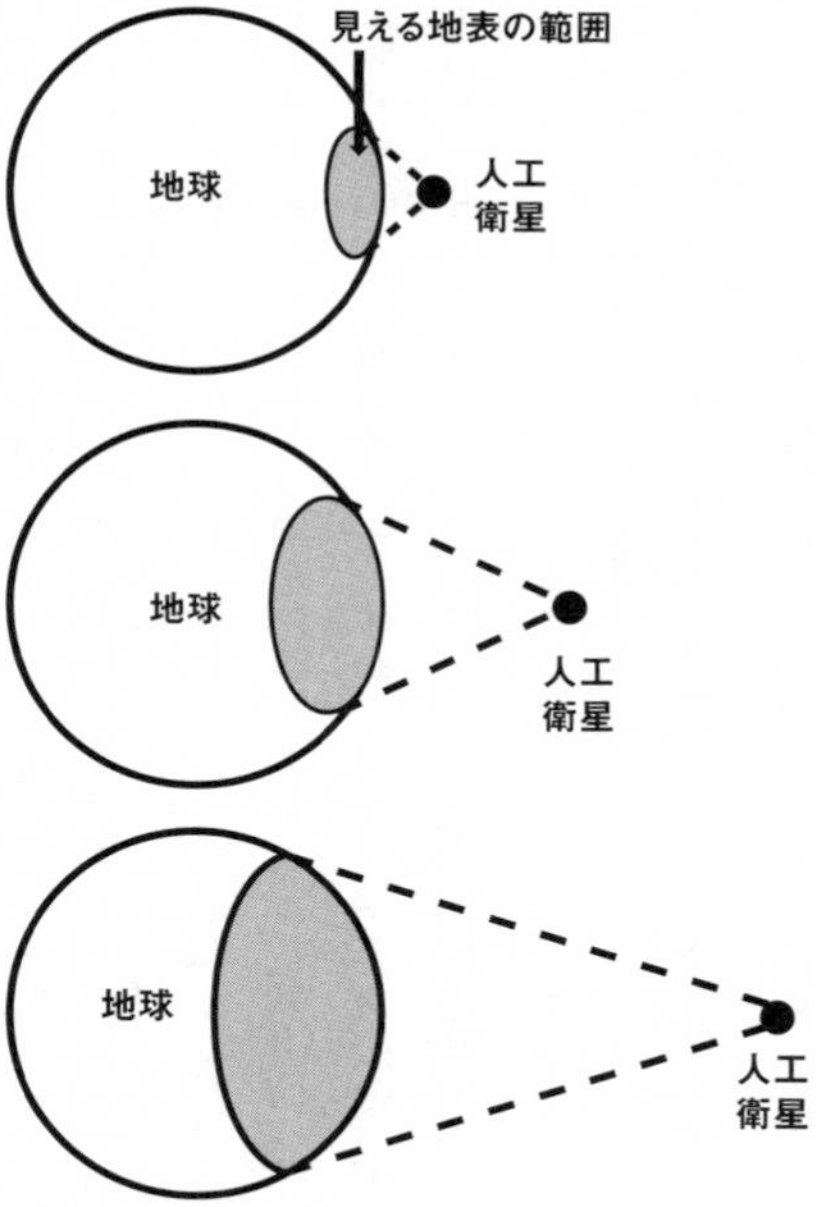

図1－4　地球から遠ざかるほど見える範囲が広がる

可能です。どうしても半球の周辺に近い部分は隠れてしまうからです。前のページの**図1―4**は、遠くから地球を見るほど広い範囲が視野に入る様子を示しています。この図では人工衛星が次第に地球から遠ざかるときに、灰色で示したように見える範囲が広がっていくのがお分かりいただけるでしょう。無限の遠方から地球を見たときに初めて半球全体が見えてくるのですが、残念ながら無限の遠方からは地球は（小さくなり過ぎて）見えなくなります。つまり、厳密には地球の半球を一望することは不可能だということになります。これも、直観的な常識に反することですが、あらゆる星を観察するときに言えることです。

地球から離れるときに、何%が見えるかというのをグラフにしたのが**図1―5**です。このグラフでは、横軸に地表からの距離をとり、縦軸に見える範囲が、全貌――つまり半球――の面積の何%かを示してあります。このグラフを見ると、ある距離を超えると急速に半球の面積の多くの部分が見えるようになることが分かります。38万キロメートル離れた月面から地球を見ると、98%が見えます。仮に太陽から地球を見ると99・996%、つまりほとんど全体が見えます。地球から遠ざかるに従って、この割合は100%に近づきます。しかし、先に述べたように、決して100%にはなりません。遠方の天体は、（厳密には１００％にはならないけれど）実質的には半球全体が見えるといってよいでしょう。

逆に、遠方の星を地球から見るときのことを考えてみましょう。太陽に一番近い星、プロキシマ・ケンタウリを地球から見るとします。いわば太陽のお隣さんというわけですが、それでも4.2光年、つまり光が届くのに4.2年かかる距離です。この表面を地球から眺めるとしたら、半球全体の99・９９９９９５％が見える計算になります。まあ、

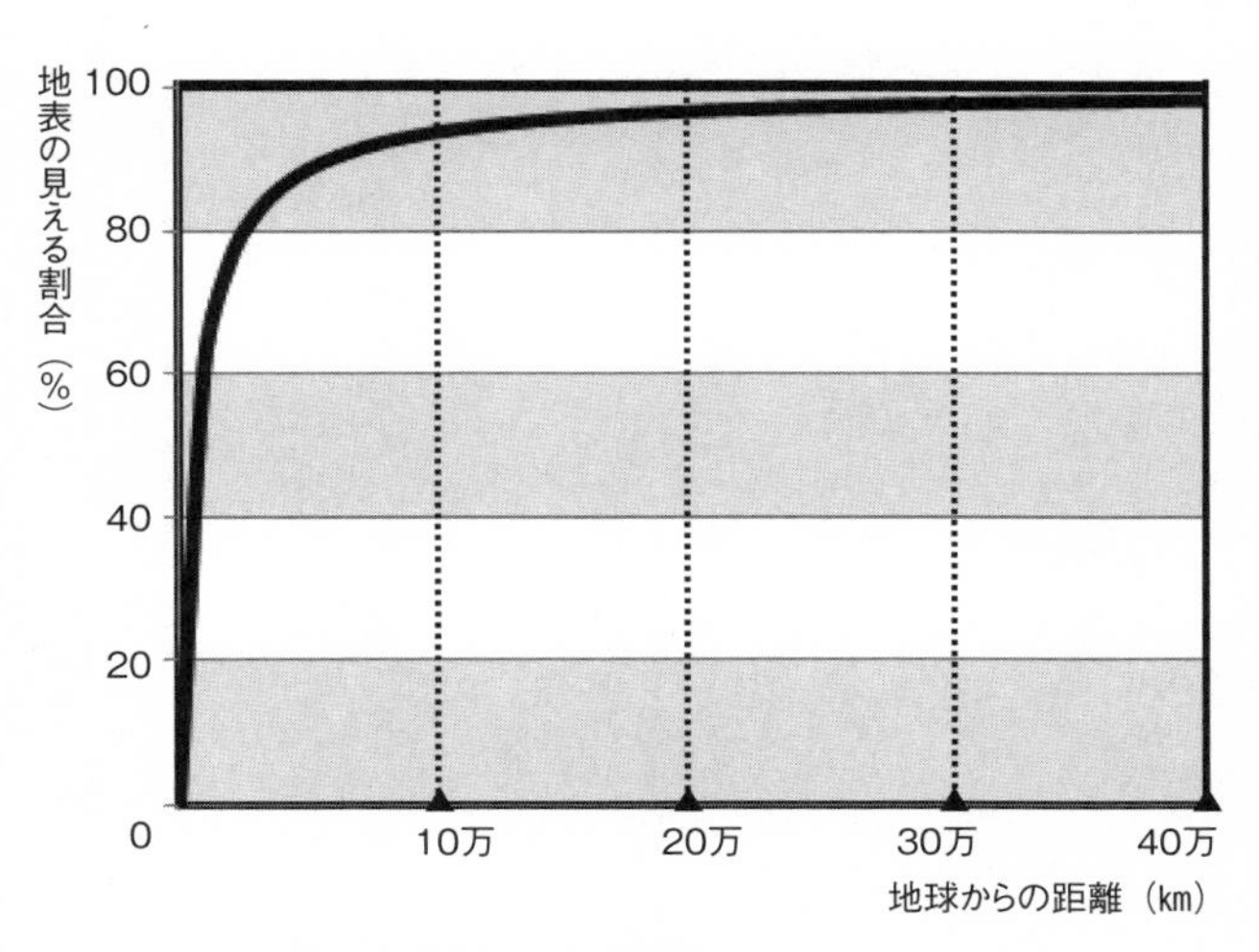

図1－5　地球からの距離と地表の見える割合の関係

フツーの言葉で言えば全部見えるということですね（笑）。

第２章

地球は
なぜ青い？

色ってなんだろう？

人類初の宇宙飛行を体験したガガーリンが残した「地球は青かった」という、日本ではよく知られた言葉があります。実際はちょっとニュアンスの異なる表現だったそうですが、それはともかく、宇宙から地球を見ると青みがかって見えることは間違いありません。なぜ青なのでしょうか？

それは、晴れた日に地表から空を見ると、青く見えるのと同じです。空の色は、下から見ても上から見ても、青いということですね。太陽の光は、さまざまな色――さまざまな長さの波、つまり異なる波長の波と言い換えることができる――が合成されて白色に見えています。

逆に、虹では白色の光が分解された結果、色を見ることができますね。日本では虹を7色と見る人がほとんどで、虹は7色よりなる、といった断定的な解説も見かけます。実際は、虹は連続的に変わる、いわば無限の段階の色を含んでいて、国によっては異なる数の色に数えます。例えばアメリカでは6色、ドイツでは5色と数えるのだそうです。

日本流の7色を波長が長い方から短い方に順に並べると、（赤外）↓赤↓橙↓黄↓

緑→青→藍→紫→（紫外）、となります。赤外と紫外をカッコに入れたのは「外」という字が意味する通り、赤の外、紫の外で、目には見えないからです。

光には、進んでいく途中で、その波長よりもずっと小さな粒子にぶつかると散乱されるという性質があり、しかも波長が短いほど強く散乱されることが知られています。光が空気の層を通る途中で、波長の短い青色や藍色の光が空気中の分子により強く散乱されるのはそのためです。この原理は、発見者の名前をとってレイリー散乱と呼ばれます。大気で散乱された光が、地表から見ても宇宙から見ても、青く見えるというわけですね。

地上で、遠くの山が青みがかって見えるのもそのためです。もちろん、木の緑色が青に近い色で、日本では緑と青を厳密に区別しない習慣があるため、山は青いと言うこともあるでしょう。たしかに、青信号というのはちょっとあいまいで、正しくは緑信号ですよね。木の生えていない地肌むき出しのハゲ山も、遠くから見ればたしかに青く見えます。これは空が青く見えるのと同じ理由、つまりレイリー散乱によるものです。

一方、宇宙から地球を見るときには、大気によるレイリー散乱だけではなく、地表の7割を占める青い海の色も寄与しています。では、なぜ海は青いのでしょうか。それは水の分子が青以外の光を吸収しやすいからです。赤っぽい光が海の水に吸収されてしまうわけですね。それに加えて、青い空の光が海で反射される効果もありそうです。

人間はさまざまな感覚を持っていて、周りの様子を感じ取ることができます。ロボットでいうなら、センサーに相当する、いわば情報インプットの入口ですね。視覚、聴覚、嗅覚、触覚、味覚は五感として知られていますが、人間の感覚はこれに限られるわけではありません。痛覚、温度覚、平衡感覚、内臓感覚などなど、他にも数多くの感覚があります。ロボットの機能表現を借りるなら、人間はこれらのセンサーから得られる入力情報を脳というコンピューターで処理して周囲の環境を認識するわけですね。

数ある感覚の中でも、視覚つまり目から得られる情報は、ずば抜けて大きな役割を果たしていて、環境認識に必要な情報の8割以上は視覚によるものといわれています。

何かが見えるというのは、光がものに当たって跳ね返り、それが私たちの目に入る→網膜に像ができる→像の信号が脳に伝わる、ということであるのはご存知の通りです。しかし、その一連の流れを深く理解しようとすると、いろいろ面白い現象が含まれていて、私たちの日常の常識を超えた意外な仕組みが隠れているのが分かります。それを少し覗いてみましょう。

人間は電磁波の100兆分の1しか見えない？

そもそも、光とはなんでしょうか。光は二つの相反する顔を持っていて、その一つは、1秒間に30万キロメートルの速さで直進する波です。この波は電磁波という大きなくくりの中の一部分で、テレビやスマホの信号を遠くに伝える電波の仲間です。光の持つこの顔が日常の私たちの常識の一部を構成していると言ってよいでしょうね。しかし、光はもう一つの風変わりな顔を持っています。それは光子と呼ばれる、粒子の側面です。粒子としての光は日常の世界ではほとんど意識されないので理解するにはちょっとした想像のジャンプが要るかもしれません。以下ではこの二つの顔のそれぞれを見てみたいと思います。

まず、波としての光の顔です。波は海辺に寄せては返す水の動きとして、私たちには馴染みがありますね。そして、先に述べたように、光は電磁波と呼ばれる波の一種です。電磁波はその波の長さ――波長――の違いによって、呼び方も、性質も、そしてその応用分野も大きく異なりますが、すべての電磁波に共通するのは電場と磁場が絡み合って振動する波である点です。

電磁波の中には光よりも波長の長い、電波と呼ばれる波があります。波長が数キロから1ミリ以下まで各種の電波があり、それぞれ異なる名前がついています。身近な応用例を挙げるなら、電子レンジ、テレビ、スマホ、レーダー、衛星通信などです。

電波よりも波長の短い領域が、今お話ししている光です。およそ0・0004〜0・0008ミリメートルの波長範囲の光は、目に見えるので可視光線と呼ばれます。この範囲で波長の長い方が赤に、短い方が紫に対応し、この間の異なる波長にそれぞれ色が対応していることは、すでに虹の例でお話ししました。そして、紫外線よりさらに短い波長には、X線（0・000001ミリメートル以下）など、いわゆる放射線があります。なお、やたらにゼロが並ぶのはうっとうしいので、物理学者は次のような単位を設けて、ゼロの数を節約しています。

1μm（マイクロメートル）＝0・001㎜

１ｎｍ（ナノメートル）＝０．００１μｍ
１ｐｍ（ピコメートル）＝０．００１ｎｍ

この単位を用いるとゼロの数が減って、電磁波の波長による分類は次のようにスッキリします。

電波：１㎜〜数㎞
赤外線（近赤外線、中赤外線、遠赤外線を含む）：0.8μｍ〜１㎜
可視光線：４００ｎｍ〜８００ｎｍ
紫外線（近紫外線、遠紫外線、真空紫外線、極端紫外線を含む）：10ｎｍ〜４００ｎｍ
Ｘ線：１ｐｍ〜10ｎｍ
ガンマ線：１ｐｍ以下

ナノだのピコだの耳慣れない単位が並んで、読者はギョッとされたかもしれません。でもご安心ください。実はここでご理解いただきたかったことは、単位の定義ではありません。単位の定義に関しては（特別の関心をお持ちの方以外は）読み飛ばしていただくことにして、次の点にご注目ください。可視光線、つまり目に見える光の範囲がいかに狭いかということです。

電磁波の波長は、人間が実用に供している範囲に限定しても、10億分の1ミリメートルから、数キロメートルまで、何と10の15乗倍——つまり1,000,000,000,000,000倍——の範囲に及んでいます。しかも、私たちが応用を実現していない電磁波の波長範囲は、さらにずっと広がっています。その中で人間の目が見ることができる範囲は、1桁にもなりません。

桁の違う数値を比較するのはやや無理があるのですが、実用に供されている電磁波の波長範囲10^{15}倍の中で、目に見えている光の波長範囲を1桁とすると、14桁の違いがあります。つまり100兆分の1以下の領域しか見えていないということです。

筆者の言わんとすることは、もうお分かりいただけたことと思います。そうです、人間の常識が極めて限定的だということです。人間が目で見て、ものの存在を認識するのは、可視光線と呼ばれるごくわずかな波長の範囲内だけです。もし、人間の目とは異なるセンサーで15桁にわたる電磁波全体を見るとするなら、私たちの日常的な常識ではまったく理解できない、風変わりな別の世界が見えてくるわけですね。

X星人の赤と地球人の赤

仮に、広い宇宙のどこかに、架空のX星が存在しているとしましょう。そして、この星にはX星人が住んでいることにします。彼ら（彼女ら？　そもそも、X星人が２つの性からなっているかも分からないので、以後は「彼」だけで済ませます）の目は、人間の目とは異なる波長の範囲を見ています。そのため、彼らの視覚情報に基づく常識は私たちとはまったく異なることでしょう。

例えば、X星人には、私たちに見える波長の光ではなく、私たちが電波と呼んでいる波長の中のある範囲の電磁波が見えるとしましょう。周波数でいうなら５００ｋHz～５ＭHz、波長でいうなら60メートル～６００メートルの範囲の電磁波が彼らの可視光です。

X星人の可視光線は地球人と比べて、波長が1億倍以上長いので、同じ電磁波であっても性質がまったく異なります。まず、色の定義が違ってくる。では、彼らはものをどんな色で見るのでしょうか。

実は色の見え方は極めて厄介な問題です。仮に、X星人の言葉を地球人の言葉に翻訳して、「赤色」という共通語を当てたとして、彼らと我々が同じ色を見ているとは到底思えません。そして、X星人の赤色はどんな色かを地球人に理解してもらうことは、永遠にできないでしょう。もちろん、逆に地球人の見ている赤色がどんな色か、X星人に理解してもらうことも不可能です。

そもそも、同じ地球人同士のA君とB君の間でも、赤色が同じ感覚であるかを証明することは不可能です。「あの虹の一番外側の色が赤だよ」と言ってもダメです。だって、A君とB君が虹の一番外側の色を同じ感覚で認識しているかどうかは分からない。名称は同じ赤でも、感覚は違っているかもしれません。A君が虹の一番外側の色を赤と呼んでいる、そしてB君は、その同じ色を赤と呼んでいながら、実はA君の緑と同じ色と認識しているかもしれません。それはいかなる手段でも永遠に確認できそうもありません。いわんや、X星人と地球人の色に関する感覚を対応付けることは途方もなく困難でしょう。

次に、X星人の見ている電波は波長が長いので、回折と呼ばれる現象が顕著です。これは、電波が障害物にぶつかったときに、その輪郭の部分で進行方向を変える現象で、電波は障害物の裏側に回り込むことができます。また、伝導性のない障害物に対しては、電波は反射するだけでなく、一部は通り抜けてしまいます。ちょうど、家の中でもラジオの電波を受けることができるようなものですね。したがって、X星人の見る映像は地球人の見る映像と、ずいぶん違います。地球人が音を聞くのに近いかもしれません。音は、障害物の裏側にもある程度伝わるし、カーテンや障子なら通り抜けます。

もっと大きく異なるのは、（もしX星に、地球と同じように電波を反射する電離層や陸、海などがあったとすると）はるか遠方から来る電波が見えるということです。ラジオで外国の放送を聞くのと同じですね。そうなると、X星人は数百～数千キロメートル離れたものを見ることができる。地球人でいえば、テレビで見るようなものが実物として見えている。近くのものと遠方のものを重ねて、X星人はどんな映像を見るのでしょうか。

これも、地球人の音に近いような「見え方」かもしれません。遠くの音と近くの音は重なって聞こえますが、地球人はこれを別に不思議だとは思っていません。音は光のように明確に方向が分離できないので、オーケストラのような数多くの楽器から複数の音波が重なって聞こえても、混乱するどころか、癒されたり感動したりするような効果が得られます。つまり、視覚に関して地球人は独特の偏った常識を持っているので、X星人が遠くの映像と近くの映像を重ねて見る状況を想像するのは容易ではありません。

長々とX星人の視覚について考えてきました。このように、地球人とX星人は、ものの見え方がまったく違うので、視覚から得られる常識もとんでもなく違っていることは、容易に推察できますね。そして、どちらの常識がより正しいとか、より現実に近いなんて言えっこないこともお分かりいただけたことでしょう。さらに、Y星人、Z星人、U星人……など、無数の常識がありうるわけですね。要するに、人間はごく特殊な環境で、その環境が許す極めて風変わりな常識を持っているに過ぎないわけです。

ここでは視覚に焦点を当てましたが、他の感覚――例えば聴覚だって、触覚だって、嗅覚――だって同じことです。人間の持つセンサーが働く範囲は、地球上の環境に合わせて極端に制約され、そしてそれが人間の常識を限定しているわけですね。本書の「はじめに」で、水槽に暮らす熱帯魚の常識を人間はあざ笑うことができないかもしれないという意味のお話をしたことを思い出してください。

光は波であり粒子でもある

光の持つ二つの顔のうち、波としての光に焦点を当てて考えてきましたが、光にはもう一つの顔、粒子としての振る舞いがあります。波というのは、それを伝える物質——媒質——があると考えるとよく分かります。海の波なら、海水が上下左右に揺れて波のエネルギーを伝えますね。空気中を進む音の波——音波——ならば、空気が振動して伝わっていきます。

ところが、光にはそのような媒質がないのです。昔（17世紀から19世紀にかけて）、光にも媒質があると考えられた時期があり、当時はその媒質をエーテルと呼びました。しかし、それではツジツマの合わない実験結果が見つかり、後にエーテル説は否定されました。そして、光は媒質によって伝搬するのではなく、自分自身が波として、また同時に粒子として進んでいく、ということが定説となりました。この粒子は光子と呼ばれ、重さはゼロでエネルギーだけを持つ不思議な粒子です。

相対性理論で知られている天才物理学者アインシュタインのノーベル賞受賞理由をご存知でしょうか。それこそ、光が粒子としての働きをすることを示した光量子仮説の業績によるものでした。意外にも相対性理論とは別の業績なのですね。

物理学者たちは、長らく光は波だとばかり思っていたのですが、粒子の顔も持っているということを発見して、それまでの常識が覆ったので驚きました。光が、1つ2つと数えられる粒子であり、しかも、それがある条件下では波としての性質を持つというのは、人間の（偏った）常識に照らすと、かなり不思議なことだからです。光の、波と粒子という二重国籍は、私たちの直観には反するのですが、あらゆる実験結果がこの理論の正しさを裏付けているので疑う科学者はいません。ところがさらに意外なことに、逆に私たちが粒子だと思っている電子、陽子、中性子などあらゆる粒子は波の性質も持っている、ということが分かっています。それどころか、これらが集まって構成される原子、そして原子が集まってできる分子まで、すべて波と粒子の二重性が確認されています。二重国籍は光だけではなかったのですね。

ところで、あらゆる粒子が波の性質と粒子の性質を兼ね備えているというのは、私たち人間にとっては、常識に反する理解しにくい事実ですが、これも人間の常識の限界を示す例だと考えることもできます。

ここで、架空の星に住むY星人に登場してもらいましょう。Y星人は、光の粒子つまり光子を直接感じ取ることのできるような小さな生物であるとしましょう。しかも、

Y星人は素晴らしく速い処理速度の神経を持っていて、光子の動きを一つずつ確認することができるとします。Y星人にとって、光が粒子の性質と波の性質を兼ね備えているのは、幼少のときから知っている現象なので、何の違和感もなく常識となっています。地球人がこれら光の粒子性を本格的に学ぶのは量子力学と呼ばれる学問分野で、理系の大学に進まないと実現しません。高校では、主としてニュートン力学と呼ばれる古典的な力学を学びます。

しかし、Y星人は、何しろ幼少のときから量子力学の世界を肌で感じているので、小学校の理科の授業で量子力学の現象的な側面を学び始めます。地球人が常識として理解しているニュートン力学は、彼らにとっては直観に反する、理解し難い学問分野で、理系の大学に進学して初めて学ぶことができます。ニュートン力学は、例えば、重力によってリンゴが木から落ちてくるとか、ものを押せばその方向にものが動くといった類の、地球人の常識を扱っています。Y星人には、リンゴが木から落ちるなんていうのは常識に反する理解し難い現象なのですね。

私たち地球人の世界では、ニュートン力学が常識に合致し、直感的に極めて分かりやすいのですが、それはあくまでも近似であることは疑いの余地はありません。一方、極微の世界を記述する量子力学は、ニュートン力学では説明できない物理現象を正確に記述してくれます。しかし、量子力学の解釈はどうしても人間の常識や直感と折り合いがつかないので、いまだにホットな論争が続いています。その論争には哲学者も参加して、人間の認識とはそもそも何だろうとか、多世界宇宙（パラレル宇宙）と我々の宇宙の関係はどうなっているのだろう、などというようなごく基本的な「常識」が主戦場なのですから面白いですね。

第３章

人工衛星は なぜ落ちない？

星と星がぶつかることはまずない

第1章では、国際宇宙ステーションから地球がどのように見えるかを考えてみました。ここでは、もう少し踏み込んで、人工衛星の軌道や、人工衛星の寿命と軌道の関係を調べてみることにします。

筆者の祖母は明治生まれで、もう大分昔に亡くなりましたが、小学校の低学年だった筆者にこんなことを言いました。「空にはあんなにたくさんの星があるのに、なぜ星と星がぶつからないのかしら」。どんな返事をしたかはもう記憶にないのですが、よほど印象が強かったか、祖母の言葉は今でもはっきり覚えています。現在の筆者がタイムスリップして、そのときに祖母の前にいたら、この素朴な疑問に何と答えたでしょうか。いくつか候補を考えてみます。

候補1「星は2次元平面にへばりついているのではなく、3次元空間に散らばっているんだよ。だから簡単にはぶつからない」なんていう答えは、散文的でいただけません。しかも祖母の疑問に十分に答えていませんよね。

候補2「デブリって呼ばれる宇宙ゴミが地球の周りにたくさんあって、ごく稀に人工衛星にぶつかることもあるんだよ」と答えるのは、無粋でかつ人工の星のことしか言っていないので不合格。何よりも、小学生の私が祖母と先のような会話をした当時は、人工衛星なんてまだ打ち上げられていません。いわんや人工の宇宙ゴミなんて影も形もありません。人類初の人工衛星が打ち上げられて新聞の号外が配られたのは、筆者が中学生になってからのことでした。

候補3「銀河と銀河が衝突することは、けっこうあるんだよ。僕たちのいる天の川銀河だって、40億年もするとアンドロメダ銀河とぶつかるという予測なんだ」というのもだめ。だっていきなり銀河を持ち出した上に、星と星の衝突については答えていないのですから。それに40億年なんて想像できませんよね。

候補4「星と星の間ってすっごく離れていてスカスカなんだ」あたりの答えが、一番分かりやすくて正解かもしれません。

そこで、**候補4**をちょっとだけ数値的に調べてみましょう。

太陽に最も近い恒星（自ら光を出す星）プロキシマ・ケンタウリと太陽との距離は、4.2光年、つまり40兆キロメートル……といっても筆者にもピンとこないので、仮に、太陽を直径4センチのピンポン玉としましょう。このとき、プロキシマ・ケンタウリは太陽よりも小さく直径6ミリメートルほどです。そして、この比率で表現すると、二つのお隣さん同士の星（太陽とプロキシマ・ケンタウリ）の距離は約１４００キロメートル。ピンポン玉と豆粒が札幌と福岡ほど離れて宇宙空間に漂っている様子を想像してみてください。星空がいかにスカスカであるか理解できそうな気がしてきませんか。銀河は中心付近では星の密度が高くなり、星と星の距離もそのぶん近くなりますが、それでも二つの銀河の合体に際して星と星が衝突するなんてことはまず起こりそうもありません。

１０００億個もの星からなる二つの銀河が衝突することは、広い宇宙ではそんなに稀なことではありません。しかし、銀河の衝突に際して、銀河に含まれる星同士がぶつかることはほとんどありません。それほど銀河はスカスカだというのですから、明治生まれの祖母ならずとも、（昭和生まれの筆者でも）意外に思います。しかし、直接の衝突はなくても、星同士が引き合う重力の影響で、二つの銀河の形状は衝突後、大きく変わってしまうと予想されています。

銀河の衝突の様子を国立天文台が、動画で見せてくれています。といってもスーパーコンピューターによるシミュレーションの結果です。実時間では数十億年もかかるような二つの銀河の壮大な衝突の様子を数分に凝縮して見せてくれるこの美しい動画は迫力満点です。興味のある読者は、ぜひサイトをご覧ください。**図3―1**は、その動画の一部を静止画にしたものです。

いきなり、壮大な話になってしまいました。もう一度、地球の近辺に話を戻しましょう。

実は人工衛星はどんどん落ちている

「人工衛星はどうして落ちてこないのですか?」という質問を受けることがあります。いろいろな答え方が考えられますが、筆者の使う表現は、「実は人工衛星はすべて、どんどん

図3―1　二つの渦巻銀河の衝突シミュレーション
©2011，松井秀徳，武田隆顕，国立天文台4次元デジタル宇宙プロジェクト
https://www.youtube.com/watch?v=c_L2VDTzac4

落ちているのですよ」です。この答えには二つの意味が含まれています。

まず、一つ目。**図3―2**をご覧ください。これは地球の赤道上空を回る人工衛星（以下では「人工」を省略して単に「衛星」と呼ぶことにします）の軌道を南極側から見た図です。点線で描いた円が衛星の軌道です。図の中で①で示した↓の方向、つまり西から東に向かってこの衛星は回っている――南極から見ると時計回りに回っている――ことになりますね。図の上方、②から衛星の軌道を示す円周上に5つの●が並んでいますね。これは、5つの時刻の衛星の位置を示しています。では、どうしてこの衛星は地球の引力に引っ張られて赤道上に落下しないのでしょうか？

図には、②から右に向かって実線で直線③が描いてありますね。これは、もし地球の引力がなかったら、衛星がこの直線に沿って矢印の方向に進みますよという仮想的な軌道です。○が4つ並んでいますが、これは4つの異なる時刻の衛星の位置です。

もうお分かりいただけたでしょう。そうです、○で示した4つの仮想的な位置の衛星は、実際は、地球の引力に引っ張られた結果「落下」して、下の4つの●の位置にくる。衛星はちゃんと（！）落ちているのですね。にもかかわらず、衛星の進む速さが目覚ましいので落ちる先は海の上ではなく、円の上、つまり地球からの距離――言い換えると高度――が一定の円軌道の上にきています。

ひとことで言うなら、衛星は地球の引力によって落下しているけれども、引力と直角の方向の速さが大きいので地表に達しないということですね。

プロ野球の投手が剛速球を投げると時速１６０キロにもなります。これは１秒間に直すと44メートルですが、この速度ではボールは地球の重力が引っ張る加速度に負けて、地上に落ちてしまいます。実際は、この速度に地球の自転による周速度が加わりますが、詳細は次の節でご説明しましょう。

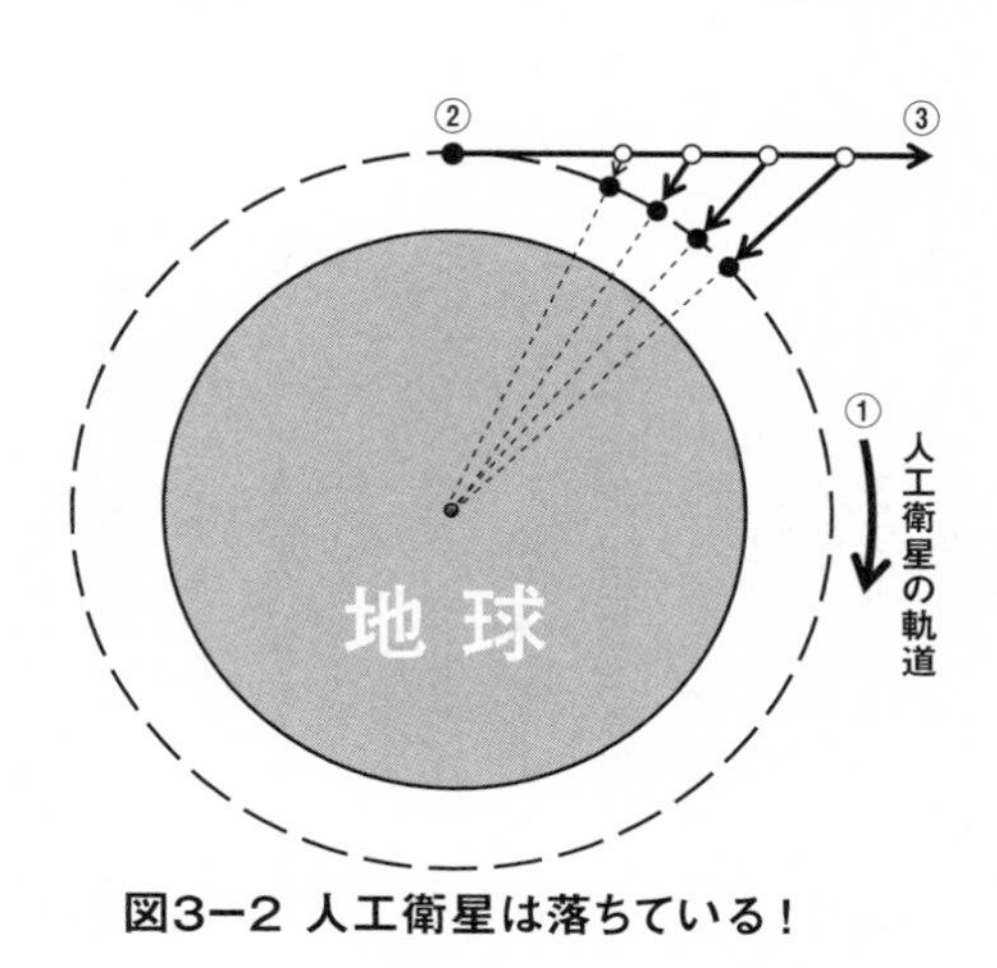

図3−2 人工衛星は落ちている！

地球の引力に打ち勝つ速度とは

投手がどんな速度でボールを投げれば、落ちてこない――つまりボールが人工衛星になってしまう――のでしょうか。それを考えるために、ここでいくつかの条件、つまり「もし……ならば」を並べてみます。いずれも現実にはありえない条件なので、物理学者が好きな言葉を使うなら、「思考実験」です。実際にはありえないような仮想的な条件のもとで何が起こるかを考えてみると、ものごとの本質が見えてくるときに、しばしば思考実験が登場します。

1. まず、地球上に空気がないとします。したがって、投手の投げたボールは空気抵抗による減速や方向の変化がない。この条件では、いわゆる変化球はありえません。全部直球になってしまう。そもそも真空中では投手は宇宙服でも着用しないと生きていけないわけで、まともな投球などありえませんが、そこは思考実験ですから、我慢をお願いします。

2. 地球は完全な球だとします。地表には凹凸がまったくない鏡のようなすべすべの表面で、かつ完全な球です。山も谷もない、のっぺらぼうでツルツルの地球を想定します。投手の足が滑ってボールが投げられないって？　思考実験、思考実験。

それは考えないことにします。

3. 投手は赤道上に立って、真東方向に、しかも完全に地表に平行に投げる（数学が好きな人に言わせるなら、地表の赤道東向きの接線方向に投げる）。そんな正確な投球なんてできっこない、なんて言わないでください。あくまでも、「もし……ならば」なのですから。

さて、このような理想的な条件でボールを投げたとして、どのくらいの速度なら、先の人工衛星のように地面に落ちずに、地球の周りを回り続けることができるでしょうか。答えは（地球の自転に伴う周速度を足した上で）秒速7.9キロメートルです。時速ではなく、秒速であることに注目してください。宇宙技術者は、この速度を第一宇宙速度なんていかめしい名前で呼んでいます。

つまり、第一宇宙速度を超えるような速度で物体が投げられた場合、地上には落ちてこない。衛星になって地球の周りを回り続けることになります。野球の投手の時速160キロの剛速球でも、せいぜい毎秒44メートルつまり0・044キロメートルであることは先に述べました。そして、赤道上で東方向に投げると、地球の自転による周方向の速度、毎秒0・46キロメートルが加わって、ボールの速度は毎秒0.5キロメートルほどになります。それでも、衛星になるスピード（毎秒7.9キロメートル）には遠く及びません。

この思考実験で、投手が赤道上に立つだの、真東に向かってボールを投げるだの奇妙な条件を付けました。これは、先の説明でもうお分かりかと思いますが、地球の回転に伴う地面の東方向の速度を加算したいからです。もし、西に向かって投げたら、引き算になってしまいますよね。多くの場合、人工衛星の打ち上げ場が南にあるのは、少しでも地球の回転速度を有効に利用したいというのが理由の一つです。

図3—3は、南にあるロケット打ち上げ場がなぜ有利かを説明する図です。地球の回転に伴って地球の表面が西から東の方向に動きますが、その速さは、北半球では図に太い矢印で示すように南にいくほど速くなります。そして一番速いのは赤道上なのです。

日本では鹿児島県の種子島や肝付町にロケット打ち上げ場があります。アメリカではフロリダに、ヨーロッパが利用する発射場は仏領ギアナにと、いずれも南にあります。

　ところで、第一宇宙速度があるなら、第二、第三もありそうですね。その通りで、第二宇宙速度は、毎秒11・2キロメートルです。この速度を超えてものを投げると、地球の引力を振り切って、太陽周りの軌道に入り、人工惑星になります。

　また第三宇宙速度は、毎秒16・7キロメートルで、これ以上の速度で投げると、地球の引力はもちろん、太陽の引力も振り切って、太陽系の外に飛び出していくことになります。

人間の常識はあてにならない？

　先にお話ししたように、人間の常識は、身の回りで日常的に体験する範囲で作ら

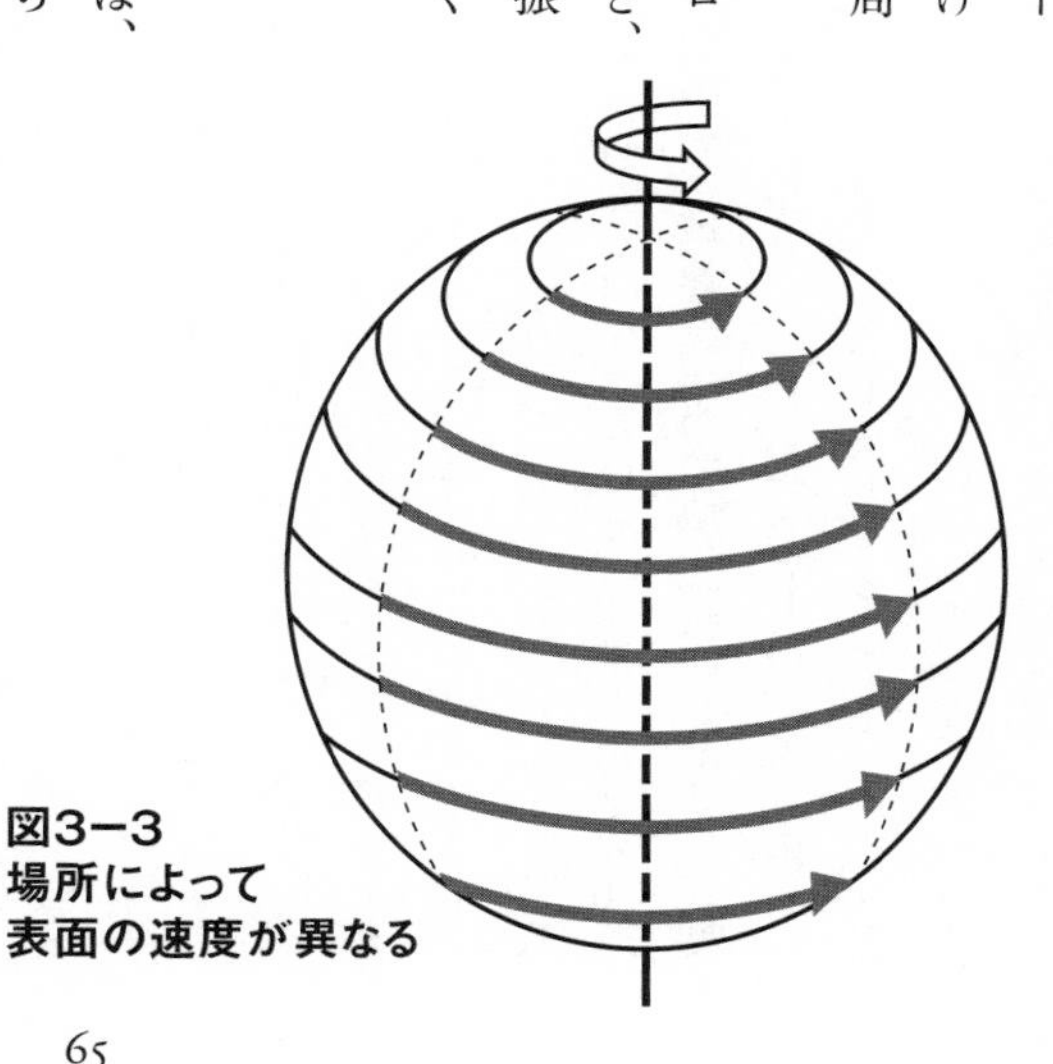

図3−3
場所によって
表面の速度が異なる

れるので、投げたボールが人工衛星になるなんて常識外の出来事を納得するにはちょっとした思考のジャンプが必要かもしれません。

しかし、例えば、重力の小さな軽い天体に知的生命体が住んでいたとすると（これも一種の思考実験です！）、彼らの常識は私たち地球人とは異なります。

もし、重力が地球よりもずっと小さな天体、例えば火星の周りを回っているフォボスという小天体——いわば火星の月ですね——に異星人が住んでいて、ボールを投げるとしましょう。もちろん、これは思考実験。知的生命体がフォボスに住んでいるなんていうことはありません。フォボスは半径が11キロメートルほど、質量は地球の10億分の2という小さな天体です。フォボスの第一宇宙速度相当の値——つまりこの速度を超えて進む物体は（フォボスの）地上に落下せずに、（フォボス周りの）人工衛星になってしまう——は、何と時速40キロメートル弱です。フォボス人にとっては、ボールを宇宙空間に投げ上げたり、打ち上げたりして失うなんて、珍しいことではなく、ニュースにもならない。「本日のフォボス巨人とフォボス阪神戦では、落ちてこないボールによる失点は巨人3、阪神2でした」なんて平然と報告されるかもしれません（ゴルフに関心のある方なら、ゴルフコースを外れてブッシュなどにボールを打ち込んでしまうOBみたいだと思うかもしれませんね）。

一方、1957年までのほとんどの地球人の常識には、人工衛星などはありません。人類が初めて人工衛星を打ち上げたときには、常識破りの快挙に世界中の人がびっくりしました。当時のソビエトがスプートニクという人工衛星を打ち上げたのは1957年のことで、米国には宇宙開発で遅れをとったという衝撃が走り、スプートニクショックという言葉が生まれました。地球人の常識とは、このように限定的だったわけです。

地球人の常識とフォボス人の常識のどちらが正しいか、なんていうヤボな質問には答えがありません。そもそも常識というのは、身の回りの限定された条件（この場合は重力の大きさ）によって作られるものですから、それぞれの固有の条件のもとではいずれも正しいと言うことができるからです。

なお、火星の月、フォボスは野球ファンだけでなく、科学者にとっても（笑）興味深い天体です。次のページの**図3－4**は、その外観です。JAXAの宇宙科学研究所の科学者たちは、フォボスに探査機を送る計画を進めています。2024年度に打ち上げ、フォボスの表面に着陸してサンプルを採取、2029年度に地球に持ち帰る、という極めて野心的な探査計画です。「はやぶさ」と「はやぶさ2」で小惑星のサンプルリターン技術を開発した研究者たちは、今度は火星の月に挑戦することになり、太陽系の惑星や火星の衛星ができる過程に関する画期的な科学成果をもたらすと期待されています。

アメリカ、そしてごく最近、中国がすでに成功裏に火星本体に探査ロボットを送り込んでいますが、まだ火星の月であるフォボスの探査はどの国も実現していません。いわんやサンプルを地球に持ち帰ったことはありません。ロシア（旧ソビエト）は、1988年と2011年の2回、火星に探査機を打ち上げ、フォボスの探査を試みま

図3−4
火星の月フォボス

（NASAのMars Reconnaissance Orbiterが撮影した写真）
（https://mars.nasa.gov/resources/6989/mars-moon-phobos/）

したが失敗に終わっています。

寿命が尽きても落ちない衛星もある

ちょっと思考実験から話が発散しました。話を元に戻しましょう。人工衛星はすべて、（地球に向かって）落ちているという言葉に二つの意味があるという話題でした。一つ目は、先に述べた通り、落下しているけれども、速いスピードで衛星が進行しているという意味。つまり、正常に地球の周りを回っている衛星でも落下しているということでしたね。

一方、ここでお話しする二つ目の意味は、人工衛星の寿命が尽きて本当に地上に落ちてしまうということです。または逆に、衛星が落ちてしまうことで寿命が尽きる場合もあります。

人工衛星は、永遠に生きているわけではなく、それぞれ固有の寿命を持っています。ところで、そもそも衛星の寿命とは一体なんでしょうか？　寿命が尽きたら衛星は落下するのでしょうか。ここではそんな疑問に答えつつ、人工衛星の落下に焦点を当てて調べてみたいと思います。

まず、衛星の寿命ですが、長いものでは10年とか15年にわたって活躍する衛星もあれば、短いものでは数日でミッション終了なんていうのもあります。もっとも、これはいわゆる設計寿命――つまり設計上、衛星が働いてくれるはずの期間――のことです。

筆者が開発に従事した科学衛星「あけぼの」は、計画では1年の目標寿命でしたが、実際は26年間も運用を続けた超長寿命衛星となりました。

逆に、設計寿命をまっとうすることができずに、ミッション途中で寿命が尽きる衛星も珍しくありません。打ち上げ後、わずか数時間で機能を停止してしまう不幸な衛星もあります。極端な場合には、寿命ゼロ。つまり、軌道上でまったく機能しないで失敗に終わる衛星すらあります。

いずれにしろ、正常に機能しなくなって役に立たなくなった衛星は寿命が尽きたことになります。しかし、寿命が尽きたら即、衛星が軌道を離れて地球に落ちてくるわけではありません。寿命を終えた後も何年にもわたって軌道を回っている衛星もたくさんあります。そんな衛星は予定寿命をまっとうせずに活動を停止した後、多くの場合、地上とのコンタクトを絶って、孤独に黙々と地球の周りを回り続けることになります。

人工衛星の故障の裏舞台

　衛星の故障には、本当にさまざまな原因があり、詳しく書けば、多分それだけで一冊の本には収まらないことでしょう。その中で典型的な例を一つ挙げると、衛星に搭載した電源が故障して他の機器が正常に動作しなくなるというのがあります。電源が故障すると、電気をエネルギー源として働いているすべての搭載機器の電力が滞り、衛星全体が機能を停止する結果になりがちです。

　また、電源以外でよく故障解析のまな板に上るのは、衛星が持っている通信機器です。通信ができなくなると、衛星そのものは完全に生きていても地上との情報のやり取りができなくなるので、機能が発揮できなくなり、地上から見れば衛星はただの箱になります。これでは衛星の寿命が尽きたのと同じことで、地上で対策を検討している技術者を悔しがらせます。

　この他にも故障の原因には無数に候補があり、衛星の動作に異常が出たときに、その原因を突き止めるのは大変重要な、そして多くの場合、極めて困難な作業になります。なにしろ、故障した衛星は手元になくて、頭上はるか数百キロ、ときには数万キロメートル遠方にあるのですから。

　そして、通信機能の障害を伴う不具合であれば、地上で得られる情報も限定的になるので、故障解析はさらに困難さを増します。そこが、車やテレビの故障と大きく違う点ですね。「ちょっとこの配線を外して、テスターで電流値を測ってみよう」とか、「このバルブを新品と交換して様子を見よう」なんていうことは、衛星の場合は逆立ちしても実現しません。

　故障個所を特定するためによく使われる、FTAと呼ばれる手法を見てみましょう。Fault Tree Analysisの頭文字を取ったもので、日本語に直すと「故障木解析」です。なぜ、こんなところに木（Tree）が出てくるのでしょうか？

　FTAは、「このような不具合現象が起こるには、こんな原因が考えられる」という因果関係を網羅的に図にしたものです。一つの不具合現象には、普通は複数の原因の可能性が考えられ、それぞれの原因には、それを起こす元の原因――いわば、原因の原因――の候補が複数あります。それを列挙し、さらにその先の「原因の原因の原因」を……という具合に、先に行くほど原因の候補数が拡がっていきます。これを図にすると、木のような枝分かれが続き、故障原因の解析手順を一望することができます。「この木何の木、故障の木……♪」というわけですね。これが故障木と呼ぶゆえんです。詳細なFTAを実施すると、数ページに及ぶ巨大な木を横倒しにしたような図になることも珍しくありません。網の目のように拡がる枝の先端には、どれも故障原因の候補がぶら下がっていることになります。こうして洗い出した膨大な故障の原因候補を一つずつ詳細に検討し、絞り込んでいくわけです。

衛星に何らかの致命的な機能障害が起こると、地上の技術者たちは大変な緊張を強いられます。100億円を超えるような（ときには数百億円の）衛星が、ほんのちょっとしたミスで機能を停止する可能性があるからです。手遅れになる前に迅速な対処をすれば、衛星を救うことができる場合もあります。そのため、衛星に深刻な異常が見つかると、即座に、関係する専門家集団に緊急呼び出しがかかり、検討チームが立ち上がります。筆者も衛星開発に携わっていた当時は、緊急連絡網のリストに名前が載っていて、夜中に電話がかかってくると、不吉な予感で動悸が高まるのが分かりました。それが間違い電話だったりすると、ホッとしたものです。

筆者の属していた検討チームのAさんは、5月の連休にハワイに出かけるべく、成田空港で出国手続きも済ませて、飛行機の搭乗を待っていたところ、この緊急連絡を受けました。不運なAさんは、ハワイ旅行を即座にキャンセルして衛星の管制室に駆け付け、何食わぬ顔で検討チームに加わりました。礼儀正しいAさんのことですから、「検討会議にちょっと遅れてしまって申し訳ない」と謝ったことはもちろんです。

ところで、ロケットは打ち上げ後、短時間で成否が分かります。地上の追跡局から正常な追尾の知らせが次々と入り、低軌道衛星であれば、1時間半ほどで、地球を1周して計画通りの軌道に乗ったことが確認できます。その瞬間にロケット技術者たちは歓声を上げて握手し合い、成功を喜びます。筆者も長らくロケット開発に従事したので、それまでの緊張感と成功確認の後の解放感を伴う至福の瞬間を何度も味わいました。その証拠に、筆者は胃潰瘍を何回も経験しています。打ち上げが成功すると治るのですが、次号機のときにまた別の個所に潰瘍ができるらしく、胃カメラを飲むと、線状に並んだ潰瘍の跡がぽつぽつ見えたりしました。打ち上げたロケットの数だけ潰瘍の跡が並んでいるのだと、冗談半分に自慢（？）したものです。

一方、衛星技術者はロケット打ち上げ成功の拍手が終わった後からが勝負の長期戦です。衛星の初期のチェックだけでも数日かかるのが普通です。そして、完全な成功は、その衛星の寿命が尽きるまで確認できない宿命にあります。つまり、何年にもわたって、先にお話ししたような夜の電話の胸騒ぎが続くわけですね。
よく、衛星技術者がロケット技術者に対して、君らは短期決戦でうらやましいよとぼやいていました。筆者は、ある時期、ロケットと衛星の開発の両方に同時に従事していたことがあります。射場の内之浦で、ロケット打ち上げ成功の祝賀会に参加し、ビールで乾杯をしたフリをした後にあわてて会場を抜け出して、同じ敷地内にある衛星の管制設備に駆け付けたこともあります。

衛星の一生は人間に似ている

人間の一生に関する次の文章をご覧ください。

> 人はオギャーと生まれてみんなに祝福され、やがて成長して活躍します。天寿をまっとうして老衰で亡くなる人もいますし、不慮の病や事故によって道半ばでこの世を去る不運な人もいます。

この文章の中の言葉を次のように置き換えてみましょう。

「人」→「人工衛星」

「オギャーと生まれ」→「ドーンと打ち上げられ」

「成長し」→「軌道上で機能を発揮し始め」

「天寿」→「設計寿命」

「老衰」、「病」→「燃料の枯渇」、「故障」

「いる」→「ある」

「亡くなる」、「この世を去る」→「軌道を離れる」、「機能を停止する」

人工衛星はドーンと打ち上げられてみんなに祝福され、やがて軌道上で機能を発揮し始めて活躍します。設計寿命をまっとうして燃料の枯渇で軌道を離れる人工衛星もありますし、不慮の故障や事故によって道半ばで機能を停止する不運な人工衛星もあります。

何と人の一生はピッタリと衛星の一生と重なりますね。

科学衛星の開発プロジェクトに携わると、一つの衛星に長い期間付き合うことも珍しくありません。典型的な例では、企画、設計、予算獲得などの期間が10年、開発が5年、軌道上での運用が5年とすると20年間もの付き合いです。こうなると、開発の担当者にとって衛星はまるで自分の子どものような存在になってしまいます。

衛星をわが子のように心を込めて大切に、大切に育て、その性能に一喜一憂し、そしてロケット屋さんに衛星を渡すときには、「丁寧に打ち上げてくれよ」と心の中でつぶやきます。軌道上で成果を挙げると誇らしくて、新聞に衛星の写真が載ると会う人に片端から自慢しまくります。やがて、ある日のこと、衛星が機能を低下させると、病院ならぬ管制室に飛び込みます。必死の蘇生努力もむなしく、衛星の訃報に接すると、悲しくて密かに涙してしばらくは放心状態に陥ります。

何を大袈裟なと読者は思うことでしょうね。しかしこれは、衛星開発に長年携わった筆者自身の実感です。そうです、極めて大袈裟なのですね。その例をもう一つ挙げましょう。

人工衛星は打ち上げに先立って地上でさまざまなテストを繰り返しますが、中でも開発者が最も嫌な思いをするのは、いわゆる環境試験です。

衛星は打ち上げロケットの激しい振動・衝撃に耐え、軌道上では、真空や高温に耐え、逆に冷やされて凍りついたり、あげくの果てには有害な放射線を浴びたり……といったような過酷な環境にさらされます。これで、簡単に壊れてしまうようでは困るので、打ち上げに先立って行う地上テストでは、さまざまな装置を使って衛星の環境試験をします。

真空チェンバーと呼ばれる巨大な真空のチューブに2週間ほど衛星を閉じ込めて、擬似太陽光を照射したり、ヒーターで熱したり、液体窒素で冷やしたりして衛星をいじめます。熱真空試験と呼ばれるテストです。

特に、(衛星開発者に) 嫌がられるのは振動試験です。手塩にかけて育ててきたわが子を、いいえ衛星を、あろうことか巨大な振動試験機に載せて、開発者の目の前で激しく振動させるのですからたまりません。ロケットってこんなに激しく震えるのだろうかと疑問に思うほど、グォーという轟音とともに、衛星が振動します。どこか壊れるのではないかと、身の凍る思いをする数十秒間です。事実、振動に耐え切れず、テスト中に部品が破損することもしばしばです。

もちろん、設計段階で予想される振動に耐えるように強度を持たせているのですが、思わぬ共振のために部分的に予想レベルをはるかに超えた力がかかることがあるからです。

共振とは、本当に恐ろしい現象ですね。よく例として出されるのは、お寺の大きな鐘を小指一本で振ることができるというたとえ話です。小指で軽くつついていると、その周期が鐘に固有の振動周期に一致したときに——つまり、共振したときに——鐘が揺れ始めるという現象です。筆者は試してみたことはないので、真偽のほどは分かりませんが、共振の威力を説明するたとえ話として優れていると思います。

さて、ずいぶん回り道をしてしまいました。この冒頭の四角で囲んだ文章に戻りましょう。

ここで人の一生を人工衛星の一生にたとえた文の中で、人の「老衰」を衛星の「燃料の枯渇」と置き換えたのは正確ではなく、説明が必要です。衛星の解説書にしばしば、衛星の寿命は搭載燃料の量で決まると書いてあります。これは誤りとまでは言えませんが、誤解を招きやすいので、少なくとも長い但し書きが必要でしょう。次にその「長い但し書き」をご覧に入れます。

衛星にもガス欠ってある？

衛星は車、船、飛行機などと大きく違っていて、地球の周りを回るためには燃料を必要としません。したがって、燃料が尽きると寿命をまっとうするというのは、やや不親切な表現です。打ち上げに際して、軌道に投入するまでは大きな推進力を必要とするので、ロケットは大量の燃料（宇宙技術者の用語では推進剤）を消費します。日本の主力ロケットH-IIAの総重量286トンのうち燃料の重量が何と9割を占めていて、ほとんど燃料タンクを打ち上げるようなものです。打ち上げに際して、衛星はこのロケットにお世話になりますが、いったん軌道に投入してもらった後は、先に述べたように燃料を消費することなく、半永久的に周回軌道を回り続けます。では、なぜ搭載燃料の量が衛星の寿命を決めるという言い方になるのでしょうか。

打ち上げられた衛星は、高度によっては大気の抵抗を受けて、軌道が低下してゆきます。高度の低い軌道の衛星ほど、大気の密度が大きい中を進行するので受ける抵抗が大きく、軌道の低下がより急速です。そして、大気の密度は太陽活動の変化によっては100倍以上も変化する【3-1】ので、衛星の軌道低下の予測は容易ではありません。典型的な例では、高度約400キロメートルの宇宙ステーションは、高度1000キロメートルの科学衛星に比べて、1000倍ほどの大気抵抗を受けます。また、高度100キロメートルの衛星は、宇宙ステーションよりもさらに10万倍の大気抵抗を受け【3-1】、急速に軌道が低下します。低い軌道を回る衛星が落下するのを防ぐためには、衛星自身が燃料を使って軌道を保持するためのエンジン噴射を行う必要があります。高度保持のための燃料を使い果たすと、衛星の高度が時間とともに低下するのを防ぐことができなくなり、ある時点で衛星は濃い大気の層に突入して大気との摩擦熱のために燃え尽きてしまいます。衛星搭載の燃料が尽きると寿命を終えるというのは、このような低軌道の場合です。

ところで、高い軌道の衛星——例えば、通信衛星、放送衛星や気象衛星のように3万6000キロメートルの高度を回る静止衛星など——では事情が異なります。このように高い高度では大気の密度が極度に小さいので、大気の抵抗による軌道の低下は無視できます。したがって、低高度の衛星のように、ガス欠で高度が急速に低下して大気に突入することを心配する必要はありません。それでも、やはり燃料の枯渇は

【3-1】 J.R.Wertz et al.: Moderately Elliptical Very Low Orbits (MEVLOs) as a Long-Term Solution to Orbital Debris, Paper No.SSC12-IV-6, 26th Annual AIAA/USU Conference on Small Satellites, Aug. 14, 2012

衛星の寿命が尽きることを意味します。なぜでしょうか。

それは衛星を所定の静止軌道に保持するためには、時折ジェットエンジンを噴射する必要があるからです。それだけではありません、衛星の姿勢を正しく保持するためにも、ある周期でジェットを噴射する必要があります（衛星の軌道と姿勢保持は、かなり厄介な仕事で、ここでの表現は少し単純化し過ぎているので、後の章で再度取り上げてもう少し丁寧に考えてみたいと思います）。

つまり、高い軌道の衛星でも低い高度の衛星と同じように――しかし、まったく別の理由で――搭載した燃料の量が衛星の寿命を左右します。しかし、燃料枯渇によって寿命が尽きても、高い軌道の衛星は落下せずに、機能を停止したままいつまでも軌道を回り続けることになるわけです。

衛星の寿命はどう決まる?

人工衛星に搭載する燃料のお話ばかりをしてきましたが、実は、衛星の寿命を左右する重要な要因はもう一つあります。それは、衛星の部品の劣化です。衛星を構成する部品の数は、多いものでは70万個にも及びます。これらの部品は、軌道上で次第に劣化してゆき、ある時点で機能しなくなります。また、中には打ち上げ軌道や宇宙空間での厳しい環境に耐え切れず、設計寿命をまっとうせずに壊れてしまう場合もあります。その場合、致命的な部品が故障すると衛星全体の機能が停止してしまう結果になり、衛星の寿命に影響します。

多くの部品の劣化は、地上に比べて宇宙の方が速く進行します。宇宙からやって来る放射線や紫外線などに対して、地上では大気の層が保護する役割を果たしてくれますが、真空中では直接衛星に当たるので、劣化の進み方が速くなってしまうからです。例えば、トランジスターなどの半導体部品は放射線に対して弱いので、通常のコンピューターや家電製品に用いている半導体は多くの場合、宇宙ではそのまま用いることができません。宇宙仕様の特別な半導体を用い、かつ必要に応じて部品そのものを鉛で覆ったり、機器全体を金属で囲んだりして、放射線から半導体を守る必要があります。またトランジスターの放射線に対する耐性を調べるために、打ち上げに先立って放射線を当てる試験を地上で行います。

宇宙仕様の部品は、このように手間がかかる上に、少量生産のため極めて高価で、それが人工衛星の値段を押し上げる一つの要因になっています。そして、そのような対策を十分とったつもりでも、軌道上でときに想定外の強烈な放射線を受けることもあり、部品劣化が設計よりも急速に進むこともあります。

このように、宇宙で劣化が懸念される部品を数多く抱えている衛星全体の寿命は、部品一つ一つの寿命に大きく依存するわけですね。それぞれの部品の設計寿命が十分に長くても、数多くの部品を使うと衛星全体の寿命を計算してみると極端に短くなるのが普通で、衛星の設計者はどのような部品をどこに用いるか頭を悩ませます。例えば、極めて高価で寿命の長い部品を少数使うのと、安価で寿命の短い部品を予備を含めて数多く採用するのとの選択肢があります。宇宙技術者用語で、冗長系の設計と呼ばれる作業により、その選択を実施します。

ただ、部品の寿命といっても、寿命期間が過ぎると、必ずパタリと壊れるというものではありません。寿命の何倍も長持ちすることもあり（むしろ、その方が多いかもしれません）、技術者の言葉で、「どこまで安全サイドに設計するか」頭を痛めるところです。それが、搭載した燃料がほぼ計算通りに尽きる時期を予測できるのと、大きく違うところですね。

人工衛星が極めて高価なのは、このように部品のレベルから特別な仕様にして、高い品質、信頼性を確保し、しかも入念な地上テストを繰り返すという作業があるからです。それを見直して、特殊な部品に替えて民生品と呼ばれる普通の部品を採用しよう、そして衛星を安価にしよう、という掛け声は、昔から（少なくとも筆者が衛星開発に携わっていた40年も昔から）唱えられてきました。小型で安価な衛星をどんどん打ち上げて、そのうちの一定の割合の衛星が故障してもよいようにしようという発想も有力です。また、打ち上げロケットも低廉にしようではないかという動きも、はるか昔からあります。

つまり、衛星が高価なのは、運んでもらうロケットが極めて高価なので、載せてもらう衛星も絶対に失敗の許されない乾坤一擲の打ち上げを目指すから、というのも大きな理由です。失敗の許されない衛星には、高品質で高価な部品を用いざるを得ないというわけです。衛星の高信頼化については、次の章で別の角度から、もう一度考えてみたいと思います。

第４章

遠くにある身近な衛星

気づかずに衛星に頼っている

私たちは日常的に科学技術が生んだ便利な製品に囲まれて生活しています。しかし、新幹線、車、スマホ、エアコン装置などが、日々、消費者の目に触れるのに対して、人工衛星は、数千~数万キロメートル上空にあって日頃目にすることがないので、生活にどの程度役立っているか実感がわきません。

昔、ある開発途上国から来日した首長が、日本を視察した後、帰国に際してお土産に何がほしいか訊かれて、「水道の蛇口がほしい」と言ったそうです。あの便利な蛇口を自国に持ち帰れば、もう水不足に悩むことはないという考えだったようです。この話は、筆者が大学生のときに、英語の教授が「蛇口文化論」と題して講義の中で一席ぶったとき紹介してくれたエピソードです。

教授の蛇口文化論は、このエピソードを導入として以下のように続きます。昨今(つまり、今から50年以上も昔です)の日本は、蛇口ばかりの便利さが追求され、真の文化が忘れられている。日本人はお手軽で便利な道具を追求するあまり、大切なものを失っていくのではないか……。なんだか今朝の新聞の論壇で読んだように新鮮で、50数年前ではなく、今の世相を嘆いているように思えませんか。

そう言えば、もう一つ思い出すエピソードがあります。これも昔、40数年前の話です。当時、筆者はＮＴＴの研究所で、国内の通信に衛星を用いることができないかという研究に従事していました。筆者が親類に、ＮＴＴの研究所に勤めていると言うと、「あの黒い電話機、まだ研究することがあるの？」と言われました。

なにしろ、当時は電話事業はＮＴＴ――電電公社と呼ばれていました――の独占で、法律により、他の業者の参入が許されない時代です。もちろん携帯電話なんて、影も形もありません。家庭に置いてある電話機は黒電話だけ。といっても、今やそれをご存知ない方もいらっしゃるかもしれませんね。電話端末もＮＴＴ独占で、家庭だろうがオフィスだろうが、機種は一つだけ、色は黒と決まっていました。黒い電話機を買ってきてポンと家に置けば通話ができる……というのが、まあ常識だったのでしょうね。蛇口さえ導入すれば水不足が解消するという考えと、大きな違いはなさそうです。

ちなみに、水道の蛇口と電話機の家庭への接続には大きな違いがあるのをご存知でしょうか。水道は、家庭の蛇口から細めの管を延ばして大きな水道管に直接つないで分岐すればよいのですが、電話の場合はそうはいきません。水道の蛇口と違って、全家庭の電話番号を区別する必要があるからです。そのために各家庭に電話局まで個別の線を引く必要があります。これを加入者線と呼んで、NTTの膨大な資産の一部になっています。つまり、全国5千数百万所帯のうち電話機のある家庭は、すべてNTTの電話局と個別に繋がっているわけで、水道管のように途中で分岐させることはできません。

蛇口文化論はともかく、例えばテレビの衛星放送は、お茶の間に置いてあるテレビのスイッチを入れれば、ワンタッチで放送を楽しむことができます。しかし、その裏で赤道上空3万6000キロメートルに打ち上げられた放送衛星の複雑な構成と、それを支える衛星追跡局、放送局などが高度な技術で衛星放送をサポートしていることはほとんど意識されません。

また、天気予報もテレビに登場する気象予報士が、上空から見た雲の動きを見せながら、ニコやかに「昨日のこの雨雲は今朝はこちらに移動して関東地方は不安定な天気です」なんて、まるで庭の植物の様子を伝えるかのように、手に取るような解説を行っていますが、これは裏舞台で気象衛星の大変高度な技術の支えがあって初めて可能になるわけです。台風の進路予測も気象衛星の導入で格段に向上しているはずです。

他の例を挙げるならカーナビです。車の現在の位置を地図上に示してくれるカーナビは、今やあまりにも日常的な装置になってしまいました。スマホの地図にも現在位置が（一見）苦もなく表示されます。しかし、それを支えているのはＧＰＳ衛星の驚くべき技術です。ＧＰＳはGlobal Positioning System（全地球測位システム）の頭文字を取ったもので、米国が打ち上げた24個（これに加えて予備衛星が７個ほど軌道上にある）の衛星群による位置測定システムです。24個のＧＰＳ衛星のうち、どれか４個からの電波が地上のどこにいても常に受けられるように軌道上に配置されています。超大国アメリカの力に陰りが出てきたと言われ始めて久しいのですが、これだけの大規模な測位システムを全世界に無料で開放しているアメリカの底力には、脱帽せざるを得ません。

少し道草を食ってしまいましたが、ここで言いたかったことは、人工衛星は直接目に触れないけれども、今や隠れたインフラとして社会に組み込まれているということです。私たちは、知らず知らずのうちに衛星に頼って生活しているのですね。

静止衛星は猛烈な速度で動いている

先に、放送衛星、気象衛星、GPS衛星などの話が出ました。これらの人工衛星が空高く地球の周りを回っていることは間違いないのですが、どのくらいの高さで回っているか調べてみることにしましょう。GPSが約2万キロメートルの軌道を回っているのに対し、多くの通信衛星、放送衛星、気象衛星などは、静止軌道と呼ばれる特殊な軌道をとっています。静止軌道は赤道の上空3万6000キロメートルの高度にある円軌道です。「静止」というので、衛星は地球を回らずに静止していると勘違いする人がいるかもしれません。しかし、実際は、静止衛星は秒速3.1キロメートルと猛烈なスピードで地球を回っています。新幹線の最高速度が毎秒0・09キロメートルほどですから、その30倍以上。相当な速さですね。

衛星がこんな速度で動いているのに、なぜ静止衛星などと紛らわしい呼び方をするのでしょうか？　それは、赤道上空をこの速度で東向きに回ると、衛星の速さが地球の自転の速さとちょうど同じになり、地球上から見ると衛星が静止して見えるからです。放送衛星や通信衛星は1日に軌道をちょうど1周するので、地上から見て1日24時間いつでも同じ方向にある、つまり地上の受信アンテナを一定の方向に固定しておくことができるという利点があります。

また、気象衛星も静止軌道上に置かれて、いつも同じ位置から気象観測をしています。日本列島の雲の動きを刻々と観測して、きめ細かな天気予報をしたり、台風の動きを上空から見張って進路を精度高く予想したりするには、日本列島との相対的な位置が変わらない静止軌道が便利です。

静止軌道には、もう一つ利点があります。それは、衛星がカバーする範囲（つまり見える範囲）が、低い軌道の衛星に比べて格段に広くなることです。例えば、高度１０００キロメートルの衛星が地球の表面の７％しかカバーしないのに対して、３万６０００キロメートルの高さにある静止衛星からは42％ほどがカバーできます。静止放送衛星では、受信できる場所が広くなります。また、静止気象衛星であれば、より広範囲の気象を把握できることを意味します。例えば、日本列島からはるかに離れた南太平洋上で発生した台風も、かなり早い時期から追跡できることになります。

さて、静止軌道上に投入された衛星は、理想的には軌道制御用の燃料を消費することなく、同じ軌道を回り続けるはずです。しかし、実際には地球の重力分布がごくわずかに不均一なことや、太陽光線の圧力や、月・太陽など他の天体からの重力などによって微小な力が働くため、放置すれば時間とともに衛星は静止軌道から外れていきます。静止衛星に、軌道制御用の燃料を搭載していて、ときどきジェットを噴射して軌道を修正するのはそのためです。燃料が尽きると静止位置に留まることができず、寿命を終えることは第3章でお話しした通りです。

人工衛星の速度は軌道によって異なり、地表面からの高さが高いほど小さくなります。前の章で、思考実験として地球表面スレスレ、つまり高度ゼロの（仮想的な）人工衛星の速度は第一宇宙速度と呼ばれ、毎秒7.9キロメートルであるというお話をしました。これが最も速い地球回りの軌道で、これより速い人工衛星はありません。

高度ゼロから上の軌道になるほど衛星の速度は遅くなり、例えば国際宇宙ステーションは約400キロメートルの高度で、速度は毎秒7.6キロメートルです。また、カーナビでお馴染みのGPS衛星は高度2万200キロメートルで、速度は毎秒3.7キロメートルです。

図4—1は、衛星軌道の高度と地面に対する速度の関係を示すグラフです。横軸は衛星の地上からの高さを、縦軸はその衛星の地面に対する速度を表しています。グラフの縦軸は「対地速度」としてありますが、これは地球の回転に伴う地面の動きを考

えない速度です。直観的には、衛星の速度を上げれば、高度が上がるような気がして、首をかしげる読者もあるかもしれません。しかし、実際は高度が上がるほど地球の引力が弱くなるので、それに釣り合う遠心力が少なくてすむ――つまり、速度が小さくてすむ――と考えれば納得がいくでしょう。極端な場合、地球からの距離が無限大になれば、地球の引力の影響はなくなるので、対地速度ゼロでも地球に落下しないことになります。

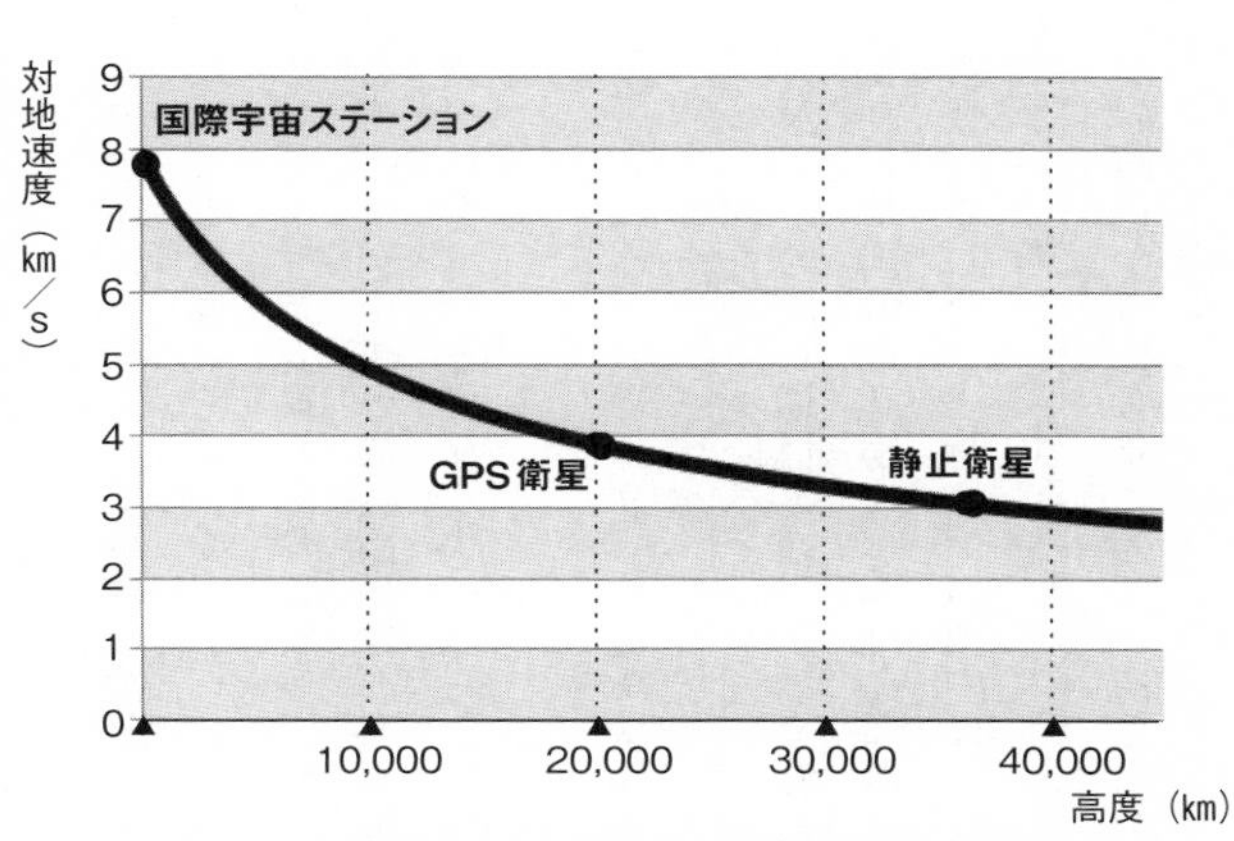

図4－1　衛星の軌道高度と対地速度の関係

衛星は一斉放送が得意

人工衛星は直接目には見えないけれども、社会のインフラとして重要な役割を果たしているというお話をこの章の冒頭にしました。ここでは、その中でもテレビの放送で身近な放送衛星について、調べてみたいと思います。放送衛星と似たような働きをするものに、通信衛星と呼ばれる衛星もあります。通信衛星と放送衛星はどちらも同じような役割を果たしていますが、もともと両者はちょっと異なる生い立ちを持っています。

本来の通信衛星は、ある2地点間の通信に用いられるものであり、放送衛星は1地点から多数の地点に同じ内容を伝える――要するに、放送する――のが目的でした。先にお話ししたように、筆者は1970年代にNTTの国内通信に通信衛星を導入する研究をしていました。日本のような小ぢんまりした国の電話網に、高価な通信衛星を導入するのはコスト的になかなか厳しくて苦戦しました。当時すでに国内に張り巡らされていた、地上のケーブルや無線、それに当時導入が検討されていた光ファイバーなどによる通信方式に、衛星通信がコストの観点から打ち勝つのは容易なことではありません。

衛星による国内通信のコストは、2地点間の距離に無関係です。つまり、東京―札幌間の通信コストも、東京―横浜間と変わらないわけですね。横軸に距離をとり、縦軸にコストをとってグラフにすると、**図4―2**のように完全に横に寝た直線になります。一方、地上の通信回線は、距離に比例してコストが高くなります。より遠方との通信にはより長い地上回線が必要になり、かつ途中には中継器が要るからです。そして、図に示すように、ある点Aで地上の線と衛星の線が交わり、それより離れた2点間に関しては衛星通信が地上通信に比べてコスト的に有利になります。つまり、A点が日本国

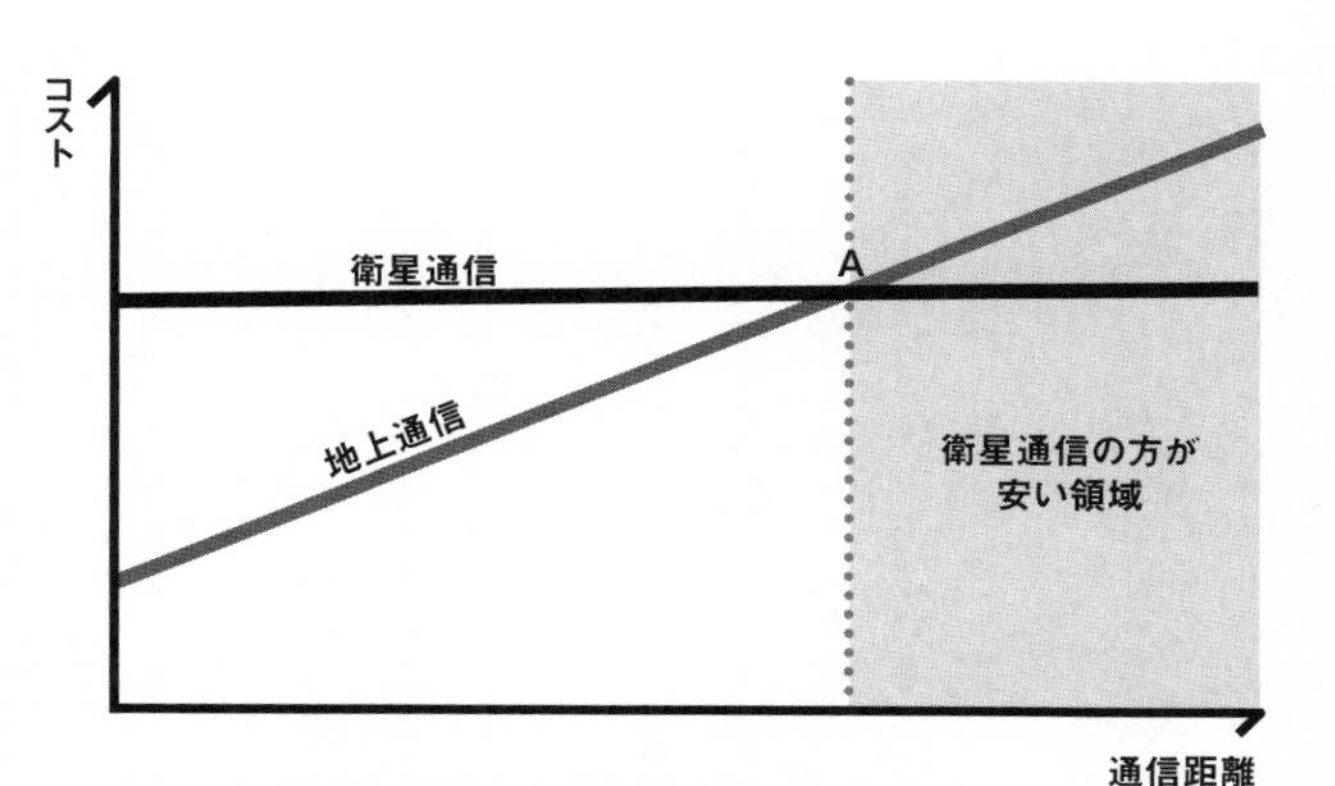

図4―2 地上通信と衛星通信のコスト比較

内にあれば、NTTが扱っている国内通信でも衛星が活躍することができます。
しかし、なかなかA点が近距離に来ないために、鉛筆舐め舐め工夫しました。結局、どうしてもA点が日本の国土に収まらず、はるか太平洋のかなたに来てしまって苦慮したものです。当時の国内衛星通信は、離島、非常災害、あふれ呼の3点に絞って必要性をアピールしたものです。この中で、「あふれ呼」回線とは、電話の通話が偏って、ある一部分の中継回線が一杯になりあふれてしまったときの臨時回線のようなものです。

離島との通信は、地上の回線では海底ケーブルか無線によるわけですが、設備投資に見合った数の加入者がいないことも多いので、衛星通信が力を発揮します。また、非常災害時には、パラボラアンテナを罹災地に運び込めば、あっという間に臨時の電話、データ回線が設定できるので極めて有効です。離島、非常災害、あふれ呼の3つに共通しているのは、電話の基幹回線ではないということです。言い換えるなら、国内通信では衛星は基幹回線への導入は困難だったわけですね。

もちろん、国際通信には地上回線と十分にコスト的な競争が成り立つので、衛星通信が導入されています。ただ、衛星は赤道上空3万6000キロメートルにあるので、

1秒間に30万キロメートルの速さの電波でも遅れは避けられず、「もしもし」から「はいはい」まで多少の間があき、慣れないと会話にやや違和感があるかもしれません。

一方、通信が1対1ではなく、1対多数のとき、つまり同じ通信内容を一斉にバラまく――普通の言葉で言うなら放送する――ときに、衛星の強みが発揮されます。放送衛星が現状、活況を呈し、元来、1対1の通信を目的としていた通信衛星で、1対多数の放送も行うようになっているのはそのためです。

図4―3は、衛星放送の仕組みを示しています。放送局から上向きに衛星に向

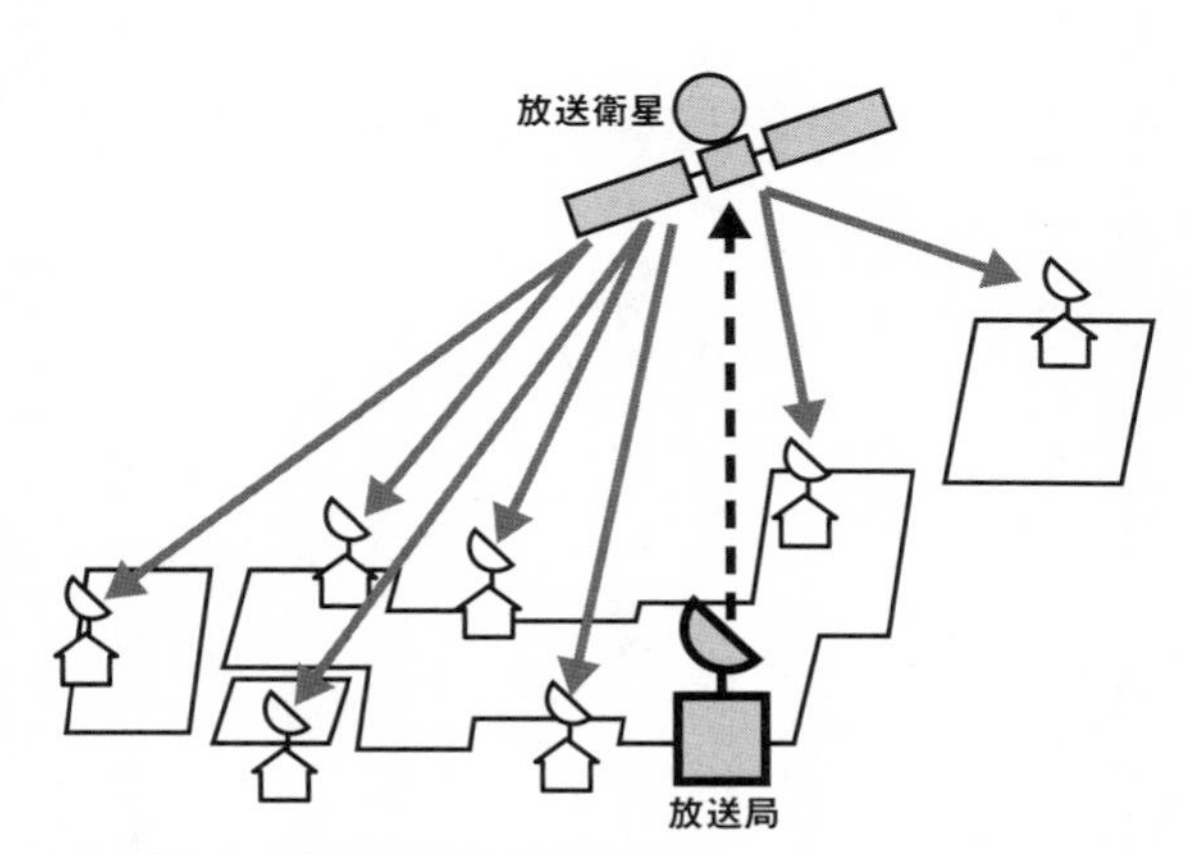

図4―3 衛星放送の仕組み

けて点線の矢印が出ていますが、これは放送局から番組を衛星に向けて送っている電波です。これを衛星技術者はアップリンクと呼んでいます。放送衛星ではこの番組を折り返して地上の家庭に送ります。これはダウンリンクと呼ばれ、図に下向きの実線矢印で示してあるように、日本全体をカバーしています。家庭に設置した小さなアンテナを衛星に向ければ、受信することができるのはご存知の通りです。

衛星技術者のキャッチフレーズ

放送衛星は、**図4―3**からも分かるように、地球上の放送局からの電波（アップリンク）を、はるか赤道上空3万6000キロメートルの位置で中継する役割を担っています。これは地上の放送局と視聴者の距離に比べて格段に遠距離です。電波の強さは距離の2乗に比例して弱くなる――別の言い方をするなら、距離の2乗に反比例する――ので、例えば2倍の距離では4分の1に、10倍の距離では100分の1の強さになります。仮に普通の地上のテレビの中継局までの距離を50キロメートルとすると、3万6000キロメートル離れた放送衛星から届く電波（ダウンリンク）の強度は、地上の電波と比べて100万分の2ほどに弱くなってしまう計算になります（実際には、放送衛星は頭上にあるわけではなく、日本からは斜めに見るので、距離はもう少し長くなり、もっと弱くなる計算です）。地球から放送衛星に電波を届けるときにも同じ減衰があるので、放送衛星搭載の中継器には特別な高感度、低雑音が要求されます。

図４－４は、放送衛星に搭載する中継器の構成を示しています。地球局から送られるアップリンクの電波を衛星のアンテナで受けます。それを特別に設計された低雑音の受信器で増幅するのは、先に述べたように受信電波が微弱で雑音の影響を受けやすいからです。アップリンクとダウンリンクは混信を防ぐために異なる周波数にします。図に示すように、そのための周波数変換器を備えています。さらに、この信号を増幅して、ダウンリンクとしてアンテナから地上に送り返します。

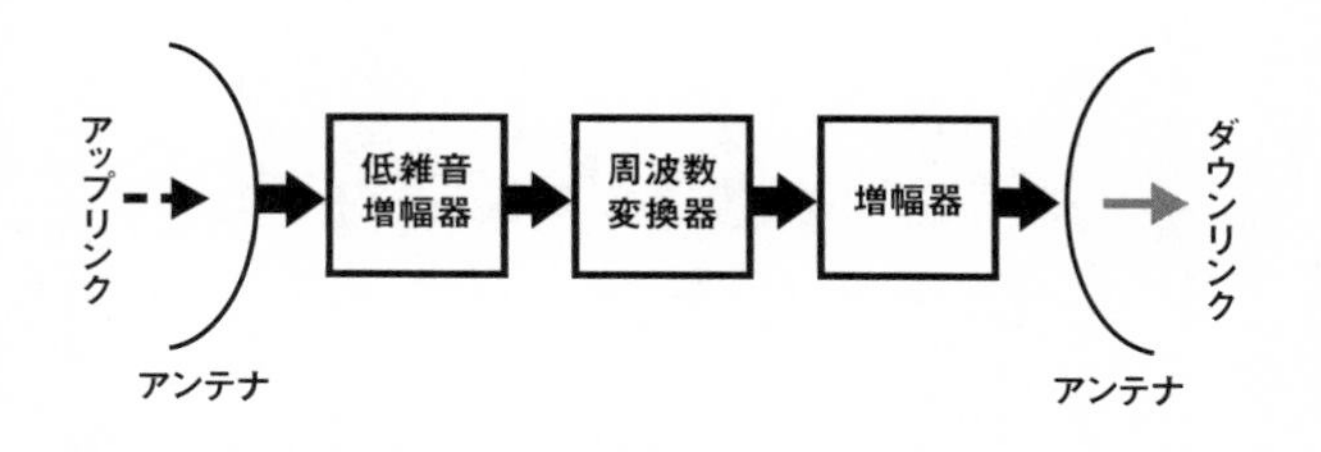

図4－4 放送衛星の中継器の構成

これらの搭載機器は高感度、低雑音が要求されるだけではなく、小型、軽量、低消費電力、高信頼、耐環境性などを実現するために最先端の技術を投入しています。ここに、さりげなく並べた5つの特徴は、実は衛星技術者は誰もが肝に銘じているキャッチフレーズです。放送衛星に限らず、衛星に搭載する機器はすべてこれが付きまといます。試しに衛星技術者を捕まえて、「搭載機器にはどんな注意が必要ですか?」と訊いてみてください。たちどころに「小型、軽量、……」と5つのポイントが返ってくるはずです。

このキャッチフレーズを少し詳しく吟味してみましょう。

衛星のダイエットに汗をかく

まず、「小型、軽量」なるキャッチフレーズです。放送衛星を静止軌道に打ち上げるロケットは、静止遷移軌道と呼ばれる楕円の中間的な軌道まで運んでくれます。その後は、衛星が持っている別の推進システムで、静止軌道まで持ち上げます。打ち上げから静止遷移軌道まで運んでくれるロケットの重量は、第3章でも触れたようにほとんどが燃料で、搭載する人工衛星――運んでもらう荷物のことをロケット屋さんはペイロードと呼びます——は、ロケットそのものの重量の1.5%ほどに過ぎません。ロケットの運賃はべらぼうに高く、衛星1キログラムあたり100〜200万円が相場で、衛星技術者の仲間では小型、軽量がほとんど合言葉のようになっています。忠臣蔵の吉良邸討ち入りでは「山」と言われたら「川」が合言葉でしたが、衛星屋さんの間では「衛星」と言われたら即「小型、軽量」と返さないと斬り付けられそうな雰囲気なのです（笑）。

筆者が新米の衛星研究者だった頃、350キロほどの通信衛星に搭載する中継器の重さをどうしたら軽量化できるか、暇さえあれば議論をしていました。若手が研究を計画していた搭載通信機器を上司がダメ出しして、軽量化せよというようなやり取りが繰り返し続きます。これ以上の軽量化は無理だと主張する若手と、それでも何とか無駄をそぎ落とせないかという上司の押し問答が続き、そのうちに議論が煮詰まり詳細化して、最後には軽量化の手段として、ある搭載機器にメッキをするかしないかとか、ネジを10本止めにするか8本止めにするかなんていう議論になってしまいます。350キログラムの衛星で、0.1グラムの「小型、軽量化」が大真面目に議論されるのですから、ちょっと不思議な雰囲気ですよね。

後に、筆者が衛星の重量削減に関してはすっかり慣れっこになった頃のことです。火星探査機「のぞみ」の開発プロジェクトにどっぷりつかったことがあります。いつものことながら、初期の設計段階で、探査機（地球を離れる衛星は探査機と呼んでいます。詳細は第7章をご参照ください）の重量見積もりが、制限重量の540キロをはるかにオーバーしました。若手の研究者が真っ青になって飛び込んできて、「60キロ以上重量超過だ！　これでは探査機が成立しません」と絶望的な顔で言うのでした。科学衛星の企画の初期段階では1割ほどの重量オーバーはまあよくあることなので、筆者は内心は動ずることなく、しかし厳しい表情で、それは一大事だ、と調子を合わせました。

企画段階では、探査機に搭載が予定される機器や、探査機の基本機器、構体などごとに、それぞれの担当者が設計重量を計算します。そして、個々の機器が申請した重量の計算結果を単純に足し合わせるわけです。開発担当者は、自分の担当する機器のことで頭が一杯なので、必ずしも探査機全体の軽量化に十分な配慮をする余裕はないし、また後の開発の段階で想定外の重量増もよくあることなので、多少のマージンを見込んで重量の予測値をはじくのが普通です。これらをそのまま合計すると制限重量をはるかに超えてしまうのは、科学衛星では毎回のことでした。

毎月のように行われていた検討会では、担当者全員が大会議室に集まり、情報交換をします。その席で、プロジェクトエンジニアを務めていた筆者は、毎回冒頭に沈痛な顔をして、このままではこの探査プロジェクトは破たんしてしまう……などと脅かしながら、各機器担当者に搭載機器のなお一層のダイエットをお願いするのが定番となります。ダイエットに汗をかくのは衛星も人間も同じことですね。

どうしても、探査機の重量が制限内に収まらないときは、科学観測の項目を減らしたり、観測性能を当初案よりも落とすなどの妥協も行います。このような妥協は本来の探査機プロジェクトそのものの価値を左右するので、極めて厳しいギリギリのやり取りが必要です。

また、探査機の構造部材に新たな材料を導入したり、新たな方式を開発したりして軽量化を図ることも行われます。多くの場合、斬新な軽量化は経費の増加を伴うので、開発担当者はプロジェクト予算の制約をにらみながら、日々、苦しい決断を迫られることになります。

筆者の周辺には衛星ダイエットの苦労に関しては、数多くのエピソードがありましたが、いずれも涙と笑い、絶望と希望、駆け引きと連帯などが詰まったドラマです。急速なダイエットで病気（不具合）になったり、減量に成功したのもつかの間、リバウンド（再度重量増）したり、重量増を放任したので、重症化して社会生活（衛星搭載）がおぼつかなくなったり……。そして、それらの技術的な話の裏には、衛星開発に日々悪戦苦闘する科学者、技術者のごく人間的な心の葛藤が隠れているのです。

新聞を読んでいて、「○○国の□□衛星は、技術的な問題のために打ち上げが半年延期になった」なんていう短い記事を見かけると、その裏にあるドラマを筆者なりにいろいろ想像して密かに胸を痛めるわけもお分かりいただけるでしょう。まったく他人ごとではないのです。

何もない宇宙で発電？

ところで、軽量化と密接に関係する課題の一つに、電力消費量の削減があります。ここではこの低消費電力化に焦点を当てて調べてみましょう。衛星に搭載する機器はどれも電気をエネルギー源とするために、衛星には必ず電力を供給する電源システムが備わっています。一体、何もない宇宙空間で衛星はどうやって発電するのでしょうか。

ほとんどの場合、太陽電池が使われています。**図4―5**は太陽電池を備えた探査機「はやぶさ2」の外観の例です。衛星本体の両脇に、2枚の長方形の板がありますね。これが電源の供給元となる部分、太陽の光を電力に変換する太陽電池です。この太陽電池の大きさは1枚が約4.2メートル×2.5メートルで、その発生電力は1400ワットです。太陽電池は時間とともに劣化すること、また太陽からの距離によって変化することを考慮して、最悪の条件でこの値が保てるように設計されています。また、太陽電池に太陽光が当たらない期間にも途切れずに電力を

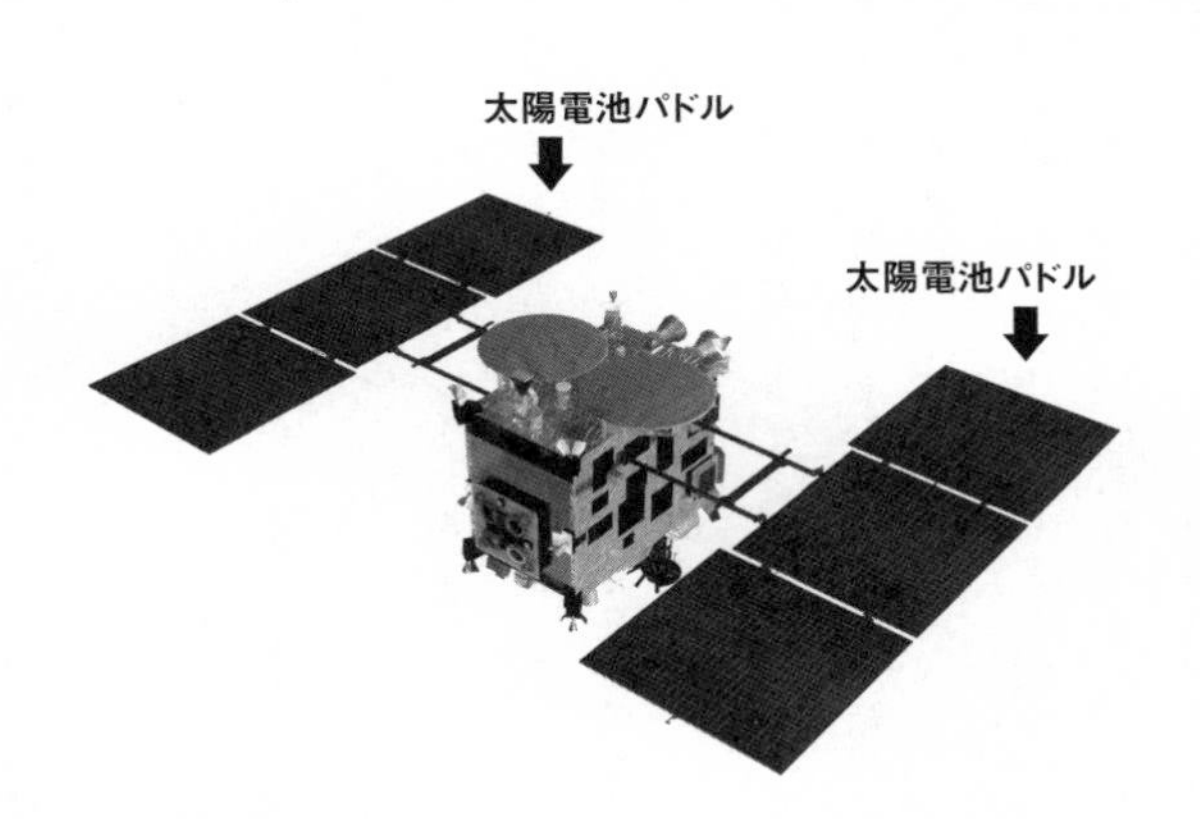

図4―5 小惑星探査機「はやぶさ2」の太陽電池
©JAXA

供給するために充電タイプのリチウムイオン電池を持っていて、太陽電池から得られる電力で常に充電状態に保っています。

このようにして確保した電力を、衛星に搭載した機器が消費するわけですが、できるだけ省電力に努め、太陽電池やリチウムイオン電池をギリギリまで小さくするように設計します。つまり、搭載機器のキャッチフレーズの一つであった低消費電力化は、結局、電源系の機器の小型、軽量化という別のキャッチフレーズを実現するために、必要な条件なのですね。例えば、通信機器をいかに小型、軽量に設計してもその通信機器が電力を湯水のように消費するとしたら、電源系の機器が大きくなってしまうので落第なのです。

また、省電力化は別のメリットもあります。消費電力が少ないということは無駄な熱の発生も少ないことを意味し、熱を逃がすための仕掛けが軽量化される結果になります。というのも、宇宙空間では熱を逃がすのはかなり厄介だからです。

もともと小型軽量化を目指して、狭い衛星のスペースの中にぎっしり機器が詰め込んであります。その上、空気がないので対流による冷却効果はありません。もちろんファンを回してもだめ。車のエンジンを冷やす際に使われている水を循環させる水冷方式は、余分な水の重量が必要なので不利です。そんなわけで結局、熱を持つ部分に金属などを接触させて、熱伝導で衛星内の別の場所に逃がし、最後は赤外線などの電磁波の形で宇宙空間に発散するのが最も標準的な方法なのです。といっても、衛星の構体には、太陽光が直接当たる可能性のある部分が多く、そのような場所では熱を発散させることはできません。軌道を回るに際して常に日陰を保つことのできる部分は限られているので、熱屋さんは苦労します。熱制御系が、衛星設計の重要かつ困難な分野の一つであることが、お分かりいただけますよね。

熱設計の技術者がよくボヤいていましたが、機器設計は通常は担当の分野を中心に設計して、その後で他の担当者の機器とすり合わせを行うという手順を踏むのに、熱関連の設計者は他の機器の設計が固まって発生熱量がはっきりするのを待ちます。そして、その後に発生する熱をどう逃がすか四苦八苦することになり、なかなか設計の独自性が発揮できない宿命にあります。しかも、試作してみたら設計よりも熱が多く発生する機器が続出、なんてことも珍しいことではありません。

ちょっと回り道をしてしまいましたが、要するに低消費電力化は発生する熱を抑える効果もあるので、衛星設計全体からみても重要になるわけですね。

電源の話題から熱設計の話になったので、次の質問を考えてみましょう。数ある搭載機器の中で最も熱環境に敏感なのは何でしょうか？　多くの場合、バッテリー（二次電池）です。

バッテリーまたは電池といえば、太陽電池も含まれますが、それ以外に充電式のバッテリーが必要なことは先にお話ししました。「二次」とは、充電式という意味です。典型的な衛星搭載二次電池としては、ニッケル・カドミウム電池やリチウムイオン電池が知られていますがいずれも丁寧な扱いが必要で、特に温度環境には敏感です。冷た過ぎても熱過ぎても性能が劣化してしまうので厄介です。衛星の構体内部の機器配置図を見るチャンスがあったら、バッテリーがどこにあるか見てください。たいてい、衛星の真ん中あたりにあって、外壁からは離れているのにお気づきになるはずです。温度の観点からは、外壁に近いと、冷え過ぎたり、熱くなり過ぎたりしやすいので、できるだけ衛星の中心に近い温度変化が穏やかな場所、いわば一等地をバッテリーが占めることになりがちです。

この種のバッテリーは扱いがかなり厄介で、バッテリー技術者に言わせれば生き物のようなところがあるということです。地上で製造してから衛星打ち上げまで何年も経過し、その間にいろいろなテストを実施します。どのような扱いをしたか、何回充電し、どの程度の時間をかけて放電したか、どんな温度環境で保存したかなどで、バッテリーの寿命が大きく変わるからです。そのため、開発中の衛星では、バッテリーは過去の履歴をきちんと記録しておきます。

秋葉原部品では衛星が作れない

高信頼化も、衛星技術者にとっては合言葉に近いほど日常的なキャッチフレーズです。数百〜数万キロメートルかなたの上空を飛ぶ人工衛星は、簡単には修理できないことは前にもお話ししました。搭載機器のたった一つの小さな電子部品が劣化したために、数十万個の部品でできている、数百億円の衛星全体が機能を停止するなんてことが起こります。衛星部品の選択にあたって、まったく手を抜けないのはそのためです。

例えば、衛星に搭載する通信機器に使う半導体部品は、秋葉原の電子部品街で気軽に買ってくるというわけにはいきません。特別な工程で製造し、厳しい試験を経たものを使うのが普通です。したがって、コストは普通の部品に比べて、ずっと高くつきます。前章でも触れたように、衛星が高価になる一つの理由は、このような宇宙用部品の特殊性にあります。

衛星の故障を減らし、信頼性を高くするには、部品の選定の他に、ある部品が万一故障したときに被害を最小に抑える設計の技術も重要です。例えば、電子機器のある一つの部品がショートしたときにそれがその機器全体の故障につながらないように、回路設計をするわけです。そのために、同じ部品を複数組み込んで、一つが壊れても他の部品が生きていれば回路の破局的な故障に至らないようにする、といったいわゆる冗長設計も必要です。

また、このような回路レベルでの冗長設計の他にも、機器レベルで予備系を持たせるような設計も可能です。例えば、衛星に搭載した電源の回路を工夫するのではなく、電源そのものを複数個搭載してしまう。そして、一台が壊れたら予備の系統、つまり別の一台に切り替えるという考え方です。その場合は重量の大きな増加を伴うので、故障のリスク低減というメリットと重量増加のデメリットを天秤にかけ、ギリギリの設計判断をすることになります。なぜなら、あらゆる搭載機器に予備系を準備しておけば、信頼性は大きく向上しますが、衛星重量はとんでもなく増加してしまうからです。

　このような冗長設計は、待機予備と呼ばれます。例えば、ある機器が故障したときには、その機能を停止して予備の機器と入れ替える（実際にはスイッチ操作で切り替える）わけです。しかし、このやり方だと、故障に気づいて切り替えるまでに時間を要します。地上のオペレーターが衛星の異常をチェックして特定し、テストを実施し、予備系に切り替えるのに、急いでも数日かかるのが普通です。この遅れが許されない場合があります。それはどんな場合でしょうか？

　例えば、姿勢制御系に異常が起こると、最悪、衛星がひっくり返る結果になります。そうなると、衛星のアンテナが地球方向を向かなくなって通信が途絶したり、太陽電池に太陽光が当たらなくなって衛星全体が停電したりすることになります。このような故障は2、3日チェックして確認の後、予備系に切り替えるなんて悠長なことは許されません。

　それを救うための冗長設計に、多数決論理という手法があります。これは予備系を待機させるのではなく、常に予備系も含めて全部を働かせておいて、その出力を比較するのです。もし、予備系が3つあれば、現用の1つと合わせて4系統の出力が得られますね。それらの1つがおかしな出力を示しても、他の3系統が正しければすぐ異常が検知され、人間の介入なしに自動的にその故障している系を切り離すことができます。つまり、多数が正常で1つが故障の場合、数の多い方を正常と判断するわけですね。多数決論理と呼ばれるゆえんで、民主主義の議会決定に似ていますね。この原理から分かるように多数決論理では最低限予備が2系統必要で、3系統の出力の中から1つの故障を見つけることはできますが、全部で2系統しかないときには、片方が異常な出力をしてもどちらが正しいか判断できません。

さらに、冗長設計の極めつけは、衛星そのものを複数個用意し、1つが故障したら衛星全体を切り替えるというやり方です。予備の衛星を地上に置いておいて、イザというときには、急遽予備衛星を打ち上げるという方法もあります。しかし、1つの衛星に不具合が発生した後にロケットを打ち上げ、軌道上で衛星の準備をするには時間を要します。サービス低下の期間を短縮するために、予備の衛星を予め打ち上げておいて軌道上で待機する、いわゆる軌道上予備という方法もあります。カーナビやスマホの現在地表示などで活躍しているGPS衛星は24個の衛星を必要としていますが、複数の予備の衛星が軌道上で待機しているので、総計30個前後のGPS衛星が常時軌道上にあります。このように冗長性や予備などの考え方は、サービスの質の保持がどの程度重要かを考慮して決める必要があります。

衛星が高価になる背景をご紹介しましたが、一方、衛星を安く作ろうという動きも古くからあり、宇宙用の特殊部品ではなく、家電などに使ういわゆる民生部品を十分に吟味して使おうという試みは今でも継続的になされています。また、学生が自分たちで設計・製作した小型衛星を打ち上げる試みも近年多くなってきました。成功率は低くても手作りで低廉な超小型衛星を多数打ち上げるということは、教育の観点からも許容され、奨励されています。

衛星は大音響に耐えて打ち上げられる

人工衛星の部品の高信頼化が重要であるというお話をしてきましたが、それと表裏一体となる耐環境性についても触れてみたいと思います。厳しい環境に耐えるのが、いわば高信頼性でもあるからです。

衛星はまず打ち上げロケットの振動・衝撃が第一の関門で、打ち上げに先立って振動試験機による衛星の試験が必要なことは前章で紹介しました。その振動の一種に、ロケットの発する音があります。発射時の音の影響が無視できないのです。

「ロケットは轟音とともに空に消えていきました……」というのがよく聞かれる表現ですが、実はこの音、ただものではありません。ロケットに搭載している人工衛星に襲い掛かり、衛星を壊し兼ねないほどの大音響なのです。

ＪＡＸＡ（宇宙航空研究開発機構）の筑波宇宙センターには、この大音響を地上で実現するための音響試験装置があります。分厚いコンクリート製の防音壁に囲まれた特別の「視聴室」の中で、衛星は打ち上げに先立ってこの音の洗礼を受けることになっています。視聴室というのは冗談で、実際はスピーカーといえるような範囲をはるかに超えた音響変換装置による空気の異様な振動なのです。ロケット上で衛星が覚悟すべき音圧レベルは業界用語で、１３７・５dB（デシベルと読みます）。そういわれてもどのような音か想像できないと思うので、全国環境研会誌という雑誌を紐解いてみましょう。騒音調査小委員会による調査結果が記されています【4-1】。それによれば、町の住宅で40dB、電車の中で70dB、パチンコ店で90dB程度とのこと。これ以上の大音響はこの文献には出ていないので、別の資料【4-2】を見ると、ジェット機のエンジンの近くで１２０dB。このレベルだと聴覚に異常をきたすということです。ロケットの音圧はこれよりさらに17・5dB高く、何とロケットの音圧はジェット機のエンジン音圧の7.5倍という計算です。ロケットの打ち上げ時の大音響は、そばにいると聴覚どころか、人間の命も脅かすようなレベルになります。

衛星の部品は、この恐ろしい試練に耐えて宇宙空間に運ばれるわけです。そして、いったん宇宙に出ると、音響はなくなります。何しろ音を伝える媒体、つまり空気がないのですから、どんな賑やかな音源を持って来たって気味の悪い無音の世界です。振動も皆無とは言えないまでも、ほとんどゼロに近くなります。時折、軌道制御や姿勢制御のジェットを噴射するときにごく小さな振動が発生しますが、打ち上げ時のロケットのような激しい振動ではありません。また、軌道に入ってしばらくは、畳んでいた機器を伸ばすために、さまざまなメカが働き、衝撃があります。

典型的な伸展メカは、太陽電池――衛星屋の用語で呼べば、太陽電池パドル――です。あの大きな太陽電池パドルをそのままロケットに搭載することはできないので、衛星にコンパクトに折り畳んで固定した状態でロケットの上部に収納し、軌道上に達

【4-1】　末岡伸一、他：「騒音の目安」作成調査結果について、全国環境研会誌、Vol.34、No.4（2009）
【4-2】　株式会社アイ・エヌ・シー・エンジニアリング：もっと静かで快適な環境の提供、IHI技報、Vol.50、No.4（2010）

した後に、伸ばすわけです。この折り畳みの方式には、昔からさまざまな工夫が凝らされています。

というのも、打ち上げ時には折り畳んでロックした状態で、ロケットから激しい振動・衝撃を受けます。ロックのメカの設計が悪いと、ロケットエンジンの燃焼に伴う振動でロックが外れてロケットの中で伸展を始める心配があるので、万が一にも外れないように設計します。ところが、あまりしっかりロックし過ぎて、軌道上でイザ展開というときにロックが外れないと展開不可能となり電力が得られず、また折り畳んだ状態で衛星の側面を覆い隠したままになるので機能的に問題を生じ、多くの場合、衛星計画そのものが失敗に終わります。つまり、打ち上げ時は絶対に外れないしっかりしたメカ、それでいて軌道上では確実にかつスムーズに外れるメカという、矛盾した要求に応える必要があります。事実、軌道上で太陽電池パドルが開かずに失敗に終わった衛星は、国内外にいくつも例があります。

太陽電池パドル伸展に関するお話が長くなりましたが、軌道上での伸展は、太陽電池パドルだけではなく、大型望遠鏡や科学観測用のワイヤー、また大型のアンテナなどの例もあり、いずれも収納時の確実なロックと、軌道上でのスムーズなロック解除という、相反する機能が要求されます。そして、これらの伸展に伴って衛星には軽い衝撃も発生します。

無事に伸展物の展開が終われば、静寂な環境に戻ります。しかし、衛星の部品の長い長い試練は、ここから始まります。まず、温度環境。先に低消費電力化のところで、真空中では対流がないので、冷却に苦労するというお話をしました。搭載場所によっては、逆に、冷え過ぎを防ぐのも一苦労です。衛星の構体は、太陽が当たって熱くなり過ぎるところと、日陰になって冷え過ぎるところが出てきます。搭載場所によっては、熱くなったり冷たくなったりを繰り返す――熱サイクルを受ける――機器もあります。部品にとって、熱サイクルは膨張と収縮を繰り返すことを意味します。そのためストレスがかかって不具合の原因になりやすいので、衛星技術者は部品の選定と熱制御に腐心します。部品の熱サイクルに対する耐性をチェックするために、地上では熱サイクル試験を実施します。

衛星内は場所によって熱かったり冷たかったり、はたまた熱サイクルを受けたりと、ずいぶん熱環境が異なります。搭載機器の開発担当の間では、設計段階でよい場所の取り合いが起こるのもやむを得ないですね。といっても、紳士淑女の技術者たちは、決して摑み合いの争奪戦はしません（笑）。冷静に機器の発熱量と衛星本体との間の熱のやり取りを計算して、いわゆる熱設計の視点からの最適配置を検討するだけですからご安心ください。

宇宙は目に見えない粒子で一杯

軌道上でもう一つ大変厄介なのは放射線です。宇宙から降り注ぐ放射線が、地表に暮らす私たちに直接届くことは、普通はありません。なぜなら、地球を取り巻く大気の層がそれらを吸収してくれるのと、放射線——電荷を持った高速の粒子——は地球磁場によって進路を曲げられるからです。

しかし、宇宙空間は真空で、かつ地磁気による保護が及ばないため、放射線は人工衛星を直撃します。そして、部品や材料を劣化させたり、宇宙飛行士の健康に悪影響を及ぼしたりします。

人間の肉眼には放射線はまったく見えませんが、地球の上空を埋め尽くす、この危険な代物がもし人間の目に見えたら、宇宙は「虚空」なんて呼ばれないでしょう。そうなったら、宇宙飛行士が宇宙遊泳をするときには、危険な猛獣が潜むジャングルを覗き込むときのような戦慄を覚えるかもしれませんね。

ところで、衛星にとって厄介な放射線とは一体、何者なのでしょうか。軌道上の放射線は大きく三つの種類に分けられます。それぞれについてご説明しましょう。

一つは銀河宇宙線と呼ばれ、太陽系の外から絶えずやって来る放射線です。起源は超新星と呼ばれる星の寿命末期の爆発でまき散らされる高エネルギーの粒子です。銀河宇宙線の成分の90%は水素原子の原子核で、陽子1個です。また9%はヘリウム4という原子の原子核で、陽子2個と中性子2個よりなります。残り1%はヘリウムよりも重い原子で重粒子と呼ばれます。また銀河宇宙線の中には数は大変少ないのですが、猛烈に高いエネルギーを持った粒子もあります。ごく稀には、地上の加速装置で作ることのできる最高エネルギーの1000万倍に達することもありますが、宇宙空間でこのようなレベルまで加速する仕組みは、いまだにはっきり分かっていません。

宇宙の厄介者、放射線の二つ目は太陽からやって来ます。太陽からは常時、太陽風と呼ばれる風が吹いていています。もちろん吹いてくるのは空気ではありません。電気を帯びた粒子が猛烈な速度で飛んできて、太陽から1億5000万キロメートル離れた地球まで数日で到達します。仮に、新幹線の最高速度、時速320キロで太陽に向かうと50年以上かかる距離を、数日で旅する太陽風の速さがお分かりいただけるでしょう。北極や南極に近い高緯度地方で見られるオーロラは、太陽風のプラズマが高度100～500キロメートルまで侵入してきて大気と衝突する際に発光する現象です。

これに加えて、太陽では、ときたま表面で爆発現象が起き、粒子や電磁波をまき散らします。フレアと呼ばれるこの爆発は想像を絶する威力で、名古屋大学宇宙地球環境研究所によれば、最も大きなフレアでは10分間に日本の1年間の発電量の100万倍ものエネルギーになることもある【4-3】というのですから驚きます。さらに、フレアに伴って放出される、強烈なガンマ線、X線、紫外線などの電磁波、および高いエネルギーの電荷を持った粒子は、地球に到達するとさまざまな被害を及ぼすので警戒が必要です。

人工衛星は先にもお話ししたように、地球の大気や磁場による保護がないので、太陽フレアによる被害を受けやすく、過去に衛星や探査機の致命的なダメージが国内外で報告されています。また、国際宇宙ステーションなど宇宙空間を飛行する宇宙飛行士の健康への影響も懸念されるので、世界の宇宙機関は警戒の体制を敷いています。

太陽フレアに伴う荷電粒子が地球の磁場を乱す現象は磁気嵐と呼ばれ、激しい場合は、地上の送電システムに損傷を与えて停電を起こしたり、人工衛星の機器に障害を生じたりすることもあるので対策が必要です。

宇宙天気予報という言葉をお聞きになったことはありますか。といっても、もちろん宇宙に雨が降ったり風が吹いたりするわけではありません。真空の宇宙空間は、雲や雨、そして風にも無縁です。日本では、情報通信研究機構の宇宙天気予報センターという組織が、太陽活動や地磁気活動についての予報を毎日発表しています。インターネットで誰でも見ることができる【4-4】ので、ぜひご覧ください。専門的な詳細なデータとともに、「引き続き今後一日間、太陽活動は静穏な状態が予想されます……」といった親しみの感じられる予報を見ることができます。

人工衛星に悪さをする厄介者、放射線の三つ目の話に移りましょう。地球の周りを、高いエネルギーの荷電粒子がドーナツ型に囲んでいます。この放射線帯は、発見者の名前をとってヴァン・アレン帯と呼ばれています。この帯の中を通るような軌道を描

【4-3】　名古屋大学宇宙地球環境研究所、「50のなぜ?」を見てみよう　中高生向けページ、太陽・太陽風50のなぜ　https://www.isee.nagoya-u.ac.jp/50naze/solar_wind/19.html
【4-4】　宇宙天気予報センター　https://swc.nict.go.jp/

く人工衛星は放射線による損傷を受ける可能性があるので、十分な対策が必要です。

ヴァン・アレン帯は二層になっていて、赤道上空、高度3000キロメートルを中心にした領域と、高度2万キロメートルを中心にした領域よりなります【4-5】。内側つまり高度の低い方の帯は内帯と呼ばれ、陽子が主たる粒子、外側は外帯と呼ばれ、電子と陽子よりなります。外帯はずっと高い方まで広がっていて、静止衛星の高度(3万6000キロメートル)のあたりに達しています。

この帯を通過するような軌道を持つ衛星は、放射線による損傷を防ぐ特別な設計が必要です。宇宙飛行士が活躍する国際宇宙ステーションの軌道は高度400キロメートルと比較的低いので、ヴァン・アレン帯には入っていきません。

いわゆる宇宙用部品は、このような厳しい放射線の環境で壊れにくいように、特別の配慮をしています。仮に、地上のスマホを宇宙に持って行ったとしたら、おそらく地上の常識の範囲を超えた故障率で、使い物にならないでしょう。

【4-5】名古屋大学宇宙地球環境研究所、「50のなぜ？」を見てみよう　中高生向けページ、放射線帯50のなぜ
https://www.isee.nagoya-u.ac.jp/50naze/housha/

第５章

科学衛星はお金儲けには無縁

儲けにならない学問こそ本物？

第4章では、気づかぬうちに人工衛星が私たちの日々の生活を支えているというお話をしました。今や人工衛星は私たちの社会にとって欠かすことのできないインフラとなっています。しかし、ちょっと待ってください。それが人工衛星のすべてでしょうか？

いいえ、そんなことはありません。もっと地味だけれども、別の意味で目覚ましい活躍をしている衛星があります。それは科学衛星です。

科学衛星のお話をする前に、そもそも基礎科学とは何の役に立つのか、という素朴な疑問から出発したいと思います。例えば、NASA（アメリカ航空宇宙局）が火星に探査機を次々と送り込んで、生命の痕跡を調べるために膨大な経費を税金から支出するのを米国民がしっかり支持しているのはなぜだろう、という疑問です。火星で生命の痕跡を発見したって、経済効果——つまり儲け話——は期待できそうもありません。そんなことにお金を使うよりも差し迫って必要な次世代コンピューターの技術を開発した方がよい、という議論は当然ありえます。火星探査に限らず、基礎科学は当面の腹の足しにならないのが普通です。

放送衛星は、テレビの視聴者にとっては生活を豊かにしてくれる明らかな恩恵があります。それゆえに、私たちはＮＨＫの視聴料を支払ったり、民放の番組ではコマーシャルという形で間接的に経費を負担する価値があると認識しているわけですね。また、事業者側から見れば、それは投資に見合った収益を得ることができる――もっと俗に言えば儲かる――わけです。

一方、科学衛星に限らず、基礎科学は短期的な経済効果を目指していません。数学では、実社会に役に立たない分野ほど高い地位にある、という話を聞いたことがあります。応用数学と呼ばれる役に立つ数学は、純粋数学の分野からは一段低く見られるというのです。ひと昔前は整数論がダントツで「役に立たなかった」ために孤高を保っていました。なにしろ、素数の分布を調べるなんてことが実生活につながる手がかりなんて、皆無だったからです。ところが、最近のネット社会では通信の秘密を守るための暗号化の研究に、整数論が大きな力を発揮することが分かってきました。素数の役割が脚光を浴び始めたわけです。そして、実社会に役に立ち始めた整数論の地位が数学の世界で低下してきた、というのですから面白いですよね。

まあ、これは極端な例で、真偽のほどは分かりませんが、ありそうな話です。基礎科学は大上段に構えて言うなら人間の知的好奇心を満足させることが目的で、当面の社会貢献には縁がありません。理論物理学者の湯川秀樹が戦後間もなくノーベル賞を受賞しました。対象となったのは、原子核に存在する中間子を理論的に予言した業績です。戦争直後、日本全体が飢えていて食うのに懸命だった時代に、これほど実社会から遊離した研究が評価されるのですから、基礎科学というものが儲け話には縁がないことの証、と言うことができそうです。

人間には生存を維持するために基本的な欲望があります。食欲、睡眠欲、性欲などは、人間だけでなく動物が共有しています。生きるために最低限必要なものを確保するために、生物の長い進化の過程でしっかりＤＮＡに刷り込まれたのでしょう。もう少し高いレベルの欲望、例えば自己顕示欲、征服欲、出世欲などはどうでしょうか。自己顕示欲はクジャクが羽を拡げたり、ホタルが光を放ったりするのに近いかもしれません。もっとも、自己顕示欲もまた伴侶を獲得するための征服欲の一種かもしれませんが。征服欲や出世欲はゴリラ、ライオン、オオカミなどが群れのリーダーなどになりたがる欲望に近いでしょう。

しかし、人間はどうやら動物的な欲望だけでは満足しない。より抽象的な真、善、美に対する憧れが歴然としてあります。美しい自然、音楽、絵画などを愛し、自己犠牲という、ダーウィンの自然選択では理解し難い徳に憧れます。そして、自然界の真理を知りたいという探究欲は、間違いなく人間だけのものでしょう。

基礎科学は、真理の追究という私たちの高度な欲求に応えるのが目的で、直接の儲け話とは縁がありません。もちろん、孤高を保っていた整数論が、あるとき暗号化に寄与することが分かって経済的な恩恵をもたらしたように、いつの日か、基礎科学が人類の役に立つこともあるかもしれません。しかし、それが目的で研究をするということではありません。

人間は、生存が保証されてかつある程度の生活レベルが確保できると、好奇心を満たすのにお金を使ってみようかと考え始める生物のようです。

１９６９年にアメリカの国立加速器研究所所長だったロバート・ウィルソンが議会で述べた有名な言葉をご紹介しましょう。基礎研究の一つの分野、素粒子研究に用いる大型加速器の予算が議論の対象になりました。それが国防に役立つかという議員の質問に対する、ウィルソンの答えです【5-1】。

【5-1】 R.R. Wilson's Congressional Testimony, April 1969　https://history.fnal.gov/historical/people/wilson_testimony.html

（大型加速器は）人類がお互いに払う尊敬、人類の尊厳、文化への想いに関係するだけです。軍には何の関係もありません。（中略）我が国を守ることとは直接の関係はありません。ただ、我が国を守るに値する国にするには役立つでしょう。

役に立たない科学衛星？

社会に直接的に役立つ衛星――放送、通信、気象、地球観測、資源探査などを目的にした衛星――を一括して実用衛星と呼ぶことにしましょう。実用衛星が厳しくその経済性を問われるのに反して、科学衛星は、「そんなにお金を使って、それが我が国の経済に何の役に立つの？」という質問に答えることができないのは、ウィルソンが説明した粒子加速器と似ています。この章では、富を作り出すことを目標とするのではなく、基礎科学の一環として私たちの知的好奇心を満たすことを目指す衛星――科学衛星――について見てみましょう。

一口に科学衛星と言っても本当に多くの種類があり、誰もが納得するようなすっきりした分類をするのは難しいのですが、一つの考え方として地球の周りを回る人工衛星と地球の引力圏を離れて月や惑星に向かう探査機に分けてみます（この定義はやや厳密さに欠けるのですが、第7章で整理し直すことにして、ここでは、これらを一括して科学衛星と呼ぶことにします）。地球を回る科学衛星に限っても極めて多くの種類があり、きれいに分類することはできそうもありません。そこで大雑把に、遠くを観測する天文衛星と「その場観測」をする衛星に分けることにしましょう。この分類のうちの天文衛星を取り上げるのは次の節に譲ることにして、ここでは「その場観測」をする科学衛星について見てみましょう。

そもそもなぜ「その場観測」をカッコでくくったのでしょうか。カッコをとってその場観測などとしたら、どこで切って読むのかすら分かりにくいですよね。というのも、日常生活では用いられない用語だからです。この言葉の語源は「本来の場所で」という意味のラテン語 in situ（イン・サイチュ）で、いろいろな学問分野ごとに、異なる和訳がされています。宇宙科学の分野では、「その場観測」と訳されていて、宇宙に出かけて行き、衛星のいる現場の観察を行うことを意味します。これと対をなす言葉に「リモートセンシング」があり、こちらは望遠鏡やレーダーなどを用いて離れた場所の観測を行います。

ところで、何もないはずの宇宙空間の「その場」で、一体何を観測するのでしょうか。実は地球周辺の宇宙空間は空っぽの真空ではなく、プラズマと呼ばれる電気を帯びたガスに満ちています。また、太陽系の宇宙空間には太陽から放出される高速のプラズマの流れ――前章でも登場した太陽風――があり、地球周辺では太陽風と地球磁場の複雑な相互作用が観測されます。

宇宙空間にさまざまな計測機器を搭載した科学衛星を打ち上げて、「その場観測」をするのはこれら宇宙プラズマの現象を直接観察するためなのです。プラズマは、物質の三つの状態――固体・液体・気体――のいずれとも異なる性質を持つ第4の状態といわれます。電気を帯びたガスとは、何やら特殊な状態のように聞こえますが、実は宇宙で我々が知っている範囲の物質は、99%以上がプラズマ状態であるとみられています。

日本の宇宙プラズマ分野の研究レベルは、世界でもトップクラスで、この研究分野を支える日本の科学衛星は世界的に活躍をしてきました。

なぜ不便な宇宙に天文台を置く?

前節でお話しした「その場観測」と対極にあるのが、軌道上天文台です。地上に天文台があるように宇宙にも軌道上天文台があり、遠方の星や銀河を観測しているのです。なぜ、わざわざ不便な宇宙に天文台を置くのでしょうか。

その大きな目的は、大気の外に出ることです。遠くの星を肉眼で見るとまたたいていますね。といっても、星がクリスマスツリーの飾りのように、実際に明滅しているわけではありません。地球を取り巻く大気が揺らぐから、またたいて見えるのです。例えば、太陽に一番近い星、プロキシマ・ケンタウリから発射された光でも、４年以上かかって地球に届きますが、地球のすぐ近辺まではまたたくことなくやって来ます。そして、最後に地球のわずか10キロメートルほどの大気層を通り抜ける10万分の３秒の間の大気の密度が揺らぐために、屈折の仕方が変化してあのようにまたたいて見えるわけです。プロキシマ・ケンタウリから発射された光が地球に届くまでの40兆キロメートルの旅路の最後のほんのわずか（全旅程の４兆分の１ほど）を通過する間に、せっかくのきれいな星の像が乱されるわけですね。どんな高性能の望遠鏡を用いても、地上から大気の層を通して見る限り、星の像は揺れ動いて精度のよい観測はできません。それに、またたくだけではありません。大気に含まれる水蒸気や塵なども悪さをして、地上の望遠鏡による星の観測を難しくします。多くの天文台が大気が安定して乾燥した山の上に建設されるのは、少しでもこの影響を除くためです。

アメリカのＮＡＳＡが打ち上げたハッブル宇宙望遠鏡は典型的な軌道上天文台です。１９９０年に打ち上げられたこの望遠鏡は重さ11トン、直径2.4メートル、地上６００キロメートルの高さの宇宙空間で、主として可視光により星を観測してきました。宇宙空間に浮かんでいると望遠鏡がふわふわと揺れ動いて姿勢が安定しない心配がありそうですね。でも、ハッブルは高度の技術で姿勢を制御していて、10時間に０・００７秒角しかズレないという驚異的な姿勢安定性を保っています【5-2】。０・００７秒角といわれてもピンときませんが、大阪に置いてある1.4センチ角の角砂糖を東京から見る大きさに相当します。

ハッブル宇宙望遠鏡は、数々の素晴らしい天体写真を撮影して天文学の発展に大きく貢献しました。公表された数多くの素敵な写真をご覧になった読者も多いと思います。**図5―1**はその一例で、２０００光年のかなたで、恒星が誕生する現場の様子をとらえた写真です。英語で“snow angel”のようだと、ＮＡＳＡのホームページにしゃれた表現があります。直訳すると「雪の天使」ですが、子どもの遊びで雪の上に大の字に寝転んで手をバタバタ動かした後、立ち上がると雪面に残る、天使が羽を広げたような模様を指しています。

ハッブル宇宙望遠鏡は大気の揺らぎのない宇宙空間で、主に肉眼で見える波長領域の光——つまり可視光——による星の観測を行っています。

一方、単に大気の揺らぎや大気中の水蒸気、塵などが星の観測の精度を劣化させるというだけではなく、大気そのものが光を吸収したり散乱させたりしてしまうために、地上ではまったく見ることのできない波長の領域があります。赤外線の一部、極端紫外線、X線、ガンマ線などです。このように、地上にある天文台

図5−1 ハッブル宇宙望遠鏡の撮影した、新しい星が誕生する様子
（NASA ホームページ "Hubble Space Telescope" より）
（https://www.nasa.gov/mission_pages/hubble/science/snow-angel.html）

【5-2】吉田憲正、他：超高精度観測衛星の指向安定化技術、日本航空宇宙学会誌、２０１７・10、Vol.65、No.10、p.３０３

では見えない光――というよりは電磁波――の観測は、大気の外にある天文衛星、つまり軌道上天文台の独壇場となります。そして、一口に天文衛星と言っても、観測する波長の領域によってさまざまな科学衛星が必要になります。

例えばX線天文衛星は、波長の短い波を専門に観測する望遠鏡を持っています。X線も光と同じ、電磁波と呼ばれる波の一種であることは第2章でお話しした通りです。つまり、X線は物理学者の目から見ると、光とまったく同じ電磁波の仲間なのですが、肉眼では見ることができない短い波長を持つゆえに、私たちは普通は光とは呼びません。しかも、X線は大気の層で吸収されて地上には到達しないことも前にお話しした通りです。このX線天文衛星は、日本が世界の最先端を切り拓いている科学衛星の一つの分野です。

X線望遠鏡で宇宙を見ると、肉眼では見えない、驚くようなものが見えてきます。静かに息をひそめてまたたいているように見える星々の背景には、荒々しいダイナミックな世界が隠れています。X線天文学の成果の一部をちょっとだけ覗いてみましょう。一例として、ブラックホールの話題を取り上げてみます。

ブラックホールはどうやって生まれる？

極端に大きな数字を「天文学的な数字」などと言いますが、天文学の中でもブラックホールは、突出したスケールの話が多く、出てくる数字には圧倒されます。ここではそのブラックホールの生い立ちを見てみましょう。

ブラックホールに限らず、そもそも星の誕生から死までその一生は、星の重さ——物理屋さんの言葉では質量——に依存して、大きく異なります。太陽のように自ら光を出す星、つまり恒星の燃料は水素です。私たちが身の回りで日常的に目にする燃料——例えば、ガソリンや石炭——は、酸素と急激に反応して熱や光を出して燃えます。一方、恒星の出す光や熱は、水素の核同士が融合してヘリウムになるときにエネルギーを放出する、いわゆる核融合反応の結果です。

太陽のような星が一定の丸い形を維持しているのは、水素の核融合による爆発で広がろうとする力と、自らの重力で縮んでいこうとする力が釣り合って安定しているからです。太陽は過去46億年ほどこの安定した形状を保ってきました。そして、核融合の燃料となる水素を使い果たしたときに、この力の釣り合いが失われて寿命が尽きると言ってよいでしょう。それは今から50億年ほど先のことです。

太陽は寿命末期には（水素が燃えてできる）ヘリウムが中心核を作り、ヘリウム同士の核融合反応を起こして熱を出しつつ、より重い原子を作ります。また、中心核のヘリウムとその周囲に残った水素が核融合反応を起こし、熱を出します。中心核は自身の重力で縮んでゆき、一方、核の外側のガスは熱で膨張してゆきます。つまり、外から見ると太陽はどんどん大きくなり冷えてゆきます。このような状態の巨大な恒星は、赤く見えるので赤色巨星と呼ばれます。

太陽が赤色巨星になると地球を飲み込むほどの大きさになり、やがて赤く光っていた周囲のガスは、中心核からの光の圧力で飛ばされてゆきます。こうして、光っていた周囲のガスを失って燃え尽きた核だけが残った星は、白色矮星（はくしょくわいせい）と呼ばれます。白色矮星となった太陽は、熱源を持っていないので次第に冷めて光を失い、寿命を迎えます。

このように太陽のような質量を持つ星は、誕生から100億年ほどで寿命が尽きると光を失った星になり、ひっそりと余生を送ることになります。しかし、太陽の数十倍の質量を持つ重い星は、寿命の末期に素直に最期を迎えるのではなく、超新星爆発という名前で知られる激しい爆発を起こします。それに伴って、自らの核融合反応で作り出した元素を周囲にまき散らします。同時に、中心核は自らの重力で潰れてどんどん小さくなってゆき、やがて特異点と呼ばれる大きさを持たない点に収縮してしまいます。この特異点を囲むようにブラックホールが誕生します。

この特異点は、大きさはゼロ、密度は無限大という、常識では想像し難い不思議な天体です。この一点からある半径以内の球はブラックホールと呼ばれ、中から外へは物質も光も、したがっていかなる情報も出ていきません。この半径は発見者の名前をとって、シュバルツシルド半径と呼ばれ、質量が大きいほど大きくなります。

先ほど、太陽の数十倍の質量を持つ星の寿命が尽きると、ブラックホールになるというお話をしました。太陽は質量が足りないので、寿命を迎えてもブラックホールにはなりませんが、仮に太陽と同じ質量の星を無理やり押しつぶしてブラックホールにすると、シュバルツシルド半径は3キロメートルになります。もともとの太陽の半径は70万キロメートルですから、このブラックホールはずいぶん小型ですね。また、半径6400キロメートルの地球を押しつぶしてブラックホールにすると、シュバルツシルド半径は何と9ミリメートルです。

特異点を囲んでブラックホールができるといっても、ブラックホールの中心に必ず特異点があるというわけではありません。ブラックホールが回転している場合は、特異点がリング状になることが知られています。このような特異点によるブラックホールは、カーという数学者により発見されたのでカー・ブラックホールと呼ばれます。

星の寿命が尽きた後にできるブラックホールは、太陽の質量の3倍から30倍ほどの質量を持ち、恒星質量ブラックホールと呼ばれていますが、実はそれだけがブラックホールの生まれる過程ではありません。

多くの銀河系の中心には、それでは説明できないような巨大なブラックホールがあるということが分かっているのです。私たちの銀河系——天の川銀河——の中心には、何と太陽の400万倍の質量のブラックホールがあります。しかし、これに驚いてはいられません。かみの毛座にあるNGC4889という名前の銀河の中心には、太陽の210億倍の質量のブラックホールが見つかっています。まったく途方もない数字で、人間の想像力の限界をはるかに超えていますね。そして、これらの巨大ブラックホールの起源には諸説あって、現在もホットな研究対象になっています。

さらに、恒星質量ブラックホールよりも大きく、巨大ブラックホールよりも小さい、中間的な質量のブラックホールも見つかっていて、中間質量ブラックホールと呼ばれます。その起源もまだ分かっていません。

光を出さないブラックホールを見るには？

ブラックホールは重力が極めて大きく、飲み込まれた周囲の物質はもちろんのこと、光さえも外には出られないようなやや不気味な天体です。光を出さない星を「観測する」なんてある種の矛盾を感じますよね。光らない星をどうやって見るのでしょうか。もちろん、望遠鏡で直接見ることはできません。しかし、周辺の物質がブラックホールに吸い込まれるときにマイクロ波、可視光、Ｘ線などの電磁波を放出する場合には、周辺の観測をすると黒い影のようにブラックホールが見えてきます。いわゆるブラックホールシャドウです。もっともブラックホール近辺では光が大きく曲がる結果、このシャドウはシュバルツシルド半径の球よりも大きく見えます。

最近、地上の望遠鏡がブラックホールの撮影に初めて成功した、というニュースが発表されたのをご記憶でしょうか。撮影には目に見える光よりもずっと長い波長の電磁波――ミリ波と呼ばれるマイクロ波――が用いられました。といっても、ブラックホールそのものの撮影ではありません。Ｍ87と名付けられた巨大銀河の中心にあるブラックホールの影を撮影したものです。この撮影対象の大きさは1000億キロメートルほど、5500万光年離れた地球からは極めて小さくしか見えないので、先進的な技術が必要です。人間の髪の毛の断面を大阪に置いて東京から眺めるのと同じ比率の拡大が必要でした。

多くのブラックホールでは、周辺の輝きとは別に、直線的にブラックホールから出ていくように見える、細いビーム状の電離したガスが観測されています。これは宇宙ジェットと呼ばれ、猛烈な速度で飛び出していきます。その到達距離は、数百万光年——光が数百万年かかって到達する距離——に及ぶものもある、というのですから壮大です。どんなメカニズムでこのような途方もないビームが放出されるのか、まだ解明されていません。この宇宙ジェットからも電磁波が放出されています。

このように、ブラックホールそのものは原理的に見えないわけですが、その周辺から発せられる電磁波の観測により、ブラックホールの存在を確認してその性質を調べることができるのです。

マイクロ波や可視光に加えて、しばしばX線が使われるのはなぜでしょうか。マイクロ波、赤外線、可視光、紫外線そしてX線は、すべて同じ電磁波の仲間ですが、この順番でエネルギーが高くなります。つまり、X線で観測するということは、数百万～1億℃というような高い温度の宇宙を見ることに相当します。そのため、ガリレオ以来400年の歴史を持つ望遠鏡を通して可視光で見ていた宇宙に比して、よりダイナミックでときには荒々しい宇宙が見えてくるのです。宇宙に持って行かないと使えないX線望遠鏡による天文学は、まだ60年ほどの歴史しかない新しい分野なのです。

X線はブラックホール周辺だけではなく、中性子星周辺、超新星の残骸、銀河の集まりである銀河団の中、そして太陽からも観測されています。次章ではX線天文衛星を少し調べてみることにしましょう。

第６章

科学衛星を科学する

宇宙からX線を見るには?

科学衛星は、実用衛星とは異なり、当面の経済効果を狙うことなく、知的好奇心に基づいて真理を探究する衛星であるというお話をしました。それでは、科学衛星は一体どんな仕組みで動作しているのでしょうか。科学衛星といっても、実に多種多様で、網羅的に紹介することは到底できそうもありません。そこで一例として、前章で紹介したX線天文衛星をここでも取り上げて、その仕組みを調べてみることにしましょう。

目に見える光——可視光線——も、目に見えないX線も同じ電磁波の仲間で、波の長さが違うだけですが、その性質は大きく異なることは先にお話ししました。可視光線用の望遠鏡、つまり私たちが肉眼で見ることのできる波長用の望遠鏡では、いくら口径の大きな高性能のものでも、X線星は見えません。X線望遠鏡にはガラスのレンズや反射鏡に代えて、特殊な工夫を凝らした集光の仕掛けが必要なのです。

我が国のX線望遠鏡は、**図6―1**のような不思議な構造のレンズで集光しています。図の(a)に示すように、X線を金属の表面スレスレにごく浅い角度で入射させて表面で反射させます。この金属にわずかな角度を付けて二段構成にして、X線の方向を変えるのです。この金属を薄い膜にして円錐状に丸め、**図6―1**(b)のように幾重にも重ねてレンズを構成します。JAXAが打ち上げたX線天文衛星「すざく」の例では、170枚もの円錐状の膜を層にして重ねています。入射X線は、この金属の円錐に当たって反射し、焦点に集まってきます。**図6―1**(c)は「すざく」で用いられたX線用のレンズの写真です。

次のページの**図6―2**は、屈折式の可視光望遠鏡(a)と「すざく」のX線望遠鏡(b)の原理を比較した図です。可視光望遠鏡では、反射鏡を使った方式が主流ですが、この図では「すざく」のX線望遠鏡と対比がしやすいように屈折式の望遠鏡の例を示しています。可視光望遠鏡は、(a)のように、ガラスの凸レンズにより入

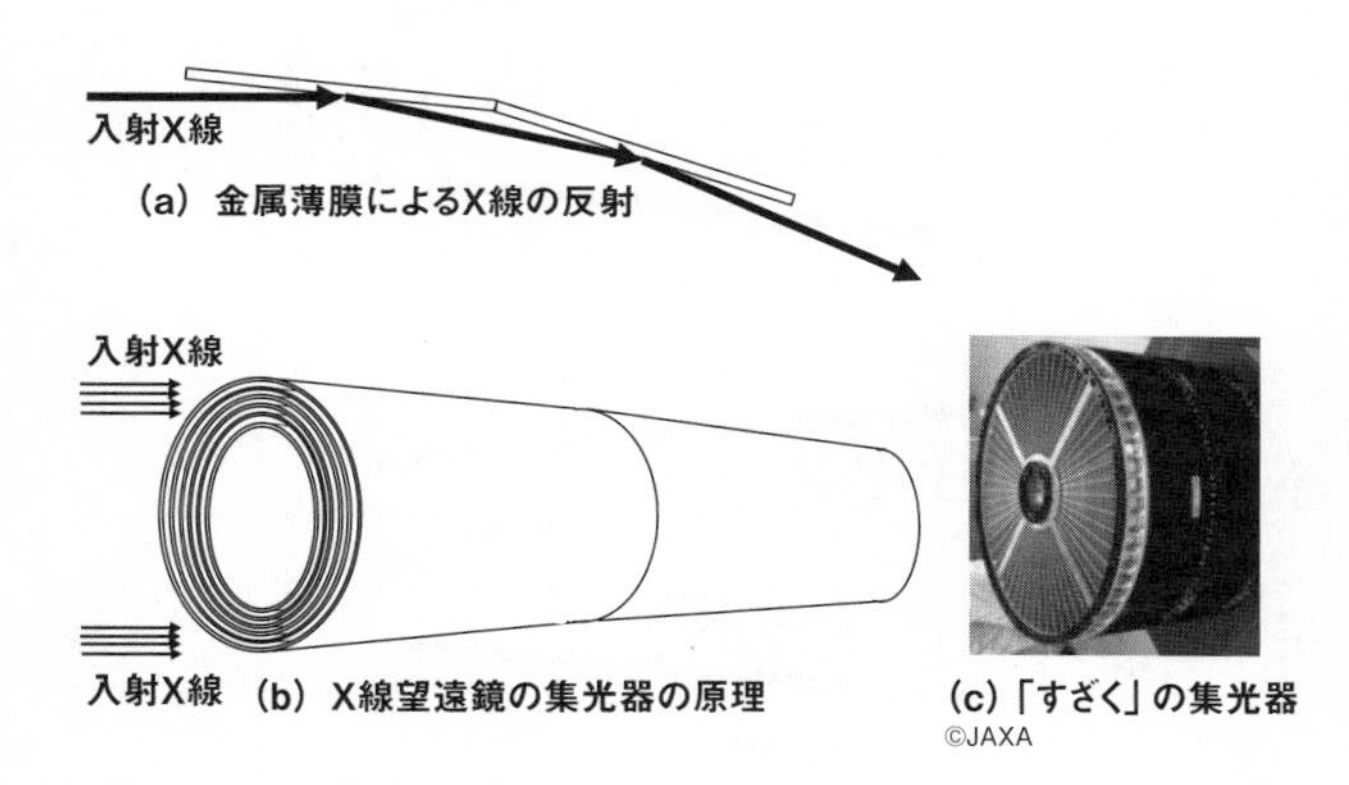

図6―1　X線望遠鏡のレンズ（集光器）

射光の向きを変えて検出器上に集光します。一方、X線望遠鏡は、(b)のように多層の金属薄膜が二段構えで入射X線の向きを変えて検出器上に集光します。

このようなX線独特の特殊なレンズを用いて、目標とするはるか遠方のX線星の方向に向けて望遠鏡の向きをピタリと安定させます。観測に要求される指向方向の安定度は極めて高く、衛星の姿勢の制御が重要です。次の節では衛星の姿勢制御について見てみましょう。

なお、姿勢を高い精度で制御する技術は、科学衛星だけではなく、多

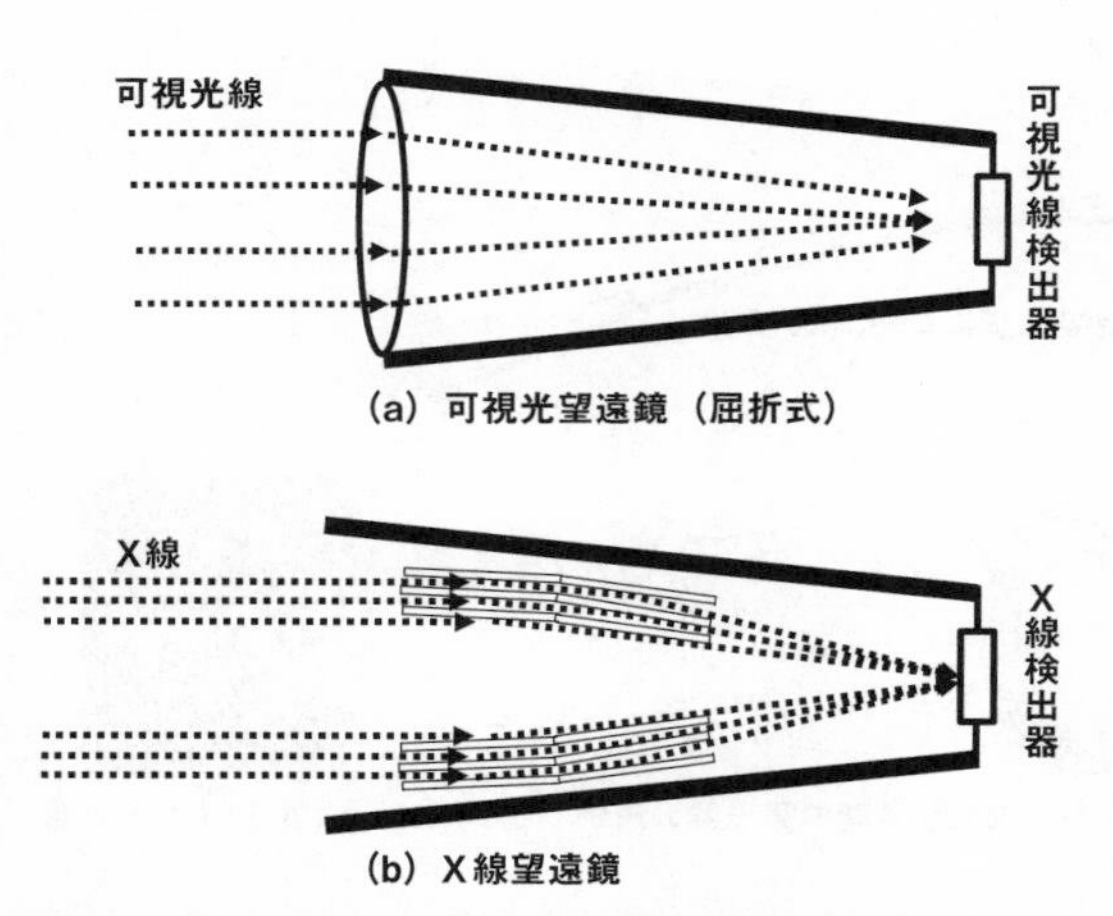

図6-2 可視光望遠鏡とX線望遠鏡の原理の比較

くの実用衛星でも共通です。例えば、通信衛星では、搭載しているアンテナが正確に地球局の方向を向いている必要があります。また、地球観測衛星や気象衛星では、宇宙空間からカメラで地上の特定の地点を見るのに、衛星の姿勢制御が欠かせない……といった具合です。

何もない宇宙で姿勢はどう表す？

みなさんは高倍率の望遠鏡を手で支えて月を見た経験はありませんか。多分、まず望遠鏡の視野内に月をとらえるのに苦労したことと思います。星に比べてあんなに大きくて明るい月ですら、高倍率の望遠鏡の視野に入れるのは容易なことではありません。そして、月が視野に入っても視野の中をフラフラと動き回って安定しないので、イライラした覚えはないでしょうか。そうです、天文台の重要な機能の一つは、望遠鏡を目標天体にピタリと向けて指向方向を安定させることです。

宇宙に浮いている天文台――軌道上天文台――の姿勢を高い精度で制御して、搭載する望遠鏡を目指す方向に安定させるのは、さらに困難な作業です。なにしろ、宇宙空間には大地のようなしっかりした土台がありません。姿勢の基準となるはずの土台がないので、放置すれば常に姿勢は動いてしまいます。その意味で、高精度の天文衛星は自らの姿勢をいつも極度に気にしています。しかも、宇宙空間で姿勢を決めるのは容易ではありません。その難しさを実感するために思考実験をしてみましょう。

***** 思考実験 *****

あなたは、大型の宇宙船の外で宇宙遊泳をしながら、作業をしています。もちろん周囲は真空ですから、地上で量れば120キロもあるような宇宙服を着ています。そして、あなたは宇宙船から離れないように、宇宙服の脚は特殊な固定器具でいつも宇宙船にきちんと固定させながら宇宙船の表面を歩行します。歩行するというより、外壁にへばりつくように移動するといった方がいいかもしれません。さらに、万一に備えてしっかり命綱で宇宙船に繋がっています。地上および宇宙船の中にいる仲間とは、常に無線で話をすることができます。

突然、緊急事態が発生しました。複数の機器の故障で、あなたは母船から宇宙空間に放り出されてしまったのです。もちろん着用している宇宙服の中は当面（といっても7時間ほど）の間は酸素が供給され、バッテリーにより温度も制御されているので、あなたの命にさしあたり危険はありません。

しかし、あなたは作業していた宇宙船から次第に離れてゆきます。やがて宇宙船は米粒のようにしか見えなくなって、背景の星と区別がつかなくなってしまいました。輝く太陽と青い地球、そして背景にはまたたくことのない無数の星しか見えない恐ろしい静寂の中をあなたはゆっくりと漂ってゆきます。あなたをサポートしている地上の仲間との通信も途切れてしまいました。聞こえるのはあなたの心臓がドクンドクンと血液を送り出す音だけです。

地球上ではしっかりした地面の上に立っているので、たとえ道に迷ってしまっても、少なくとも上と下の違いははっきりしています。しかし、宇宙空間を漂っているあなたは、上も下も右も左も区別はありません。

しかも、あなたはゆっくりと回転しています。といっても単純な回転ではありません。地球上で回転するコマが首を振るように、回転の軸そのものも動き回っています。まるで太陽や地球そして無数の星が、周囲で不規則にのたうち回っているように見えます。もちろん近くにつかまるものなど一切ない完全な真空の中では、手足をバタバタさせてもこの回転は止めることができません。

さてこのような状態であなたは、「私は今この瞬間に一体どちらを向いているのだろう」と考え、自分の姿勢を知ろうとします。それがここでの難問、姿勢決定です。

＊＊＊＊＊＊＊＊＊＊

この思考実験から分かるように、宇宙空間に漂う物体が自らの位置や姿勢を決定するのは、かなり厄介な仕事です。そもそも、宇宙空間には基準となるような、不動でどっしりとした大地がありません。位置や姿勢はどうやって表現するのでしょうか。上も下もない所では、東西南北すら定義するのが難しそうですね。

地球上で道に迷ったときには、現在位置は○○デパートの近くなどと説明しますね。もっと厳密には、東経××度××分、北緯△△度△△分、標高□□メートルの場所などと表現します。経度はイギリスの元グリニッジ天文台を通る南北の線をゼロとして、東西方向の角度を表現します。また、緯度は赤道の面で地球を輪切りにしたときの東西の線をゼロと定義して、その基準線からの南北方向の角度で表現します。

同様に、宇宙空間で位置や姿勢を表現するにも、誰もが共通に理解する安定した基準が必要です。基準が人によって異なったり、時期によって変動したりするようでは困ります。そこで、姿勢を表現するための動かない基準、数学者の言葉で言うなら「座標系」を宇宙空間に定義することにします。

宇宙の仕事をしている人たち——例えば、天文学者、ロケットの開発者、人工衛星の設計者など——が用いる座標系には無数の種類があり、どんな座標系を使うかは彼らの自由で、目的により使い分けています。異なった座標系の間には数式で定義できるような関係があるので、一つの座標系で表現した姿勢を別の座標系で表現し直すことは、電卓またはコンピューターを使って簡単にできます。座標変換と呼ばれる作業です。ロケットや人工衛星の開発に携わる技術者の間で、自分の示した設計値がどんな座標系で表現されているかを伝えるのは、些細なしかし重要なルールで、このルールを外した座標変換のミスによる悲劇は、しばしば耳にします。

筆者もロケットの姿勢制御系の設計を担当していた当時、軌道屋さんとの間にちょっとした座標変換の行き違いがあり、肝を冷やしたことがあります。筆者が計算した結果を軌道屋さんに伝達するときに、座標系の説明が不十分で誤解を招いたのです。具体的には、すでに相手の使っている座標系に変換した結果を伝達したのに、先方（つまり軌道制御の担当者）が勘違いをして、筆者の使っている座標系で表現されていると思い込んで、自分の座標系にもう一度変換をしてしまった——つまり、必要のない座標変換をしてしまった——のです。

その結果、軌道に投入した衛星の高度が当初予想からズレて、衛星の寿命に影響が出ることになりました。その差はごくわずかだったので大事には至らなかったものの、仲間内ではエンジニアとしての基本をおろそかにした姿勢屋（筆者のことです！）と軌道屋のミスが糾弾されて冷汗三斗の思いをしました。

脱線した話を元に戻しましょう。とっかかりがまるでないように見える宇宙空間で、姿勢を表現するお話です。姿勢を示すための数ある座標系の中で、典型的な例として赤道座標系を取り上げてみましょう。**図6―3**(a)をご覧ください。中心の黒い丸は地球です。外側の大きな球は天球と呼ばれ、無限大の半径を持っています。

この座標系の著しい特徴は、静止した地球が宇宙の中心であるかのように表現していることです。そして、太陽も含めてすべての星は、地球の周りを回っていると仮定します。中世に信じられていた天動説に戻ってしまったように見えますが、ご安心ください。単に、天体の方向を分かりやすく表示するための便宜的な表現を採用しているだけで、今さら天動説を主張するという話ではありません。

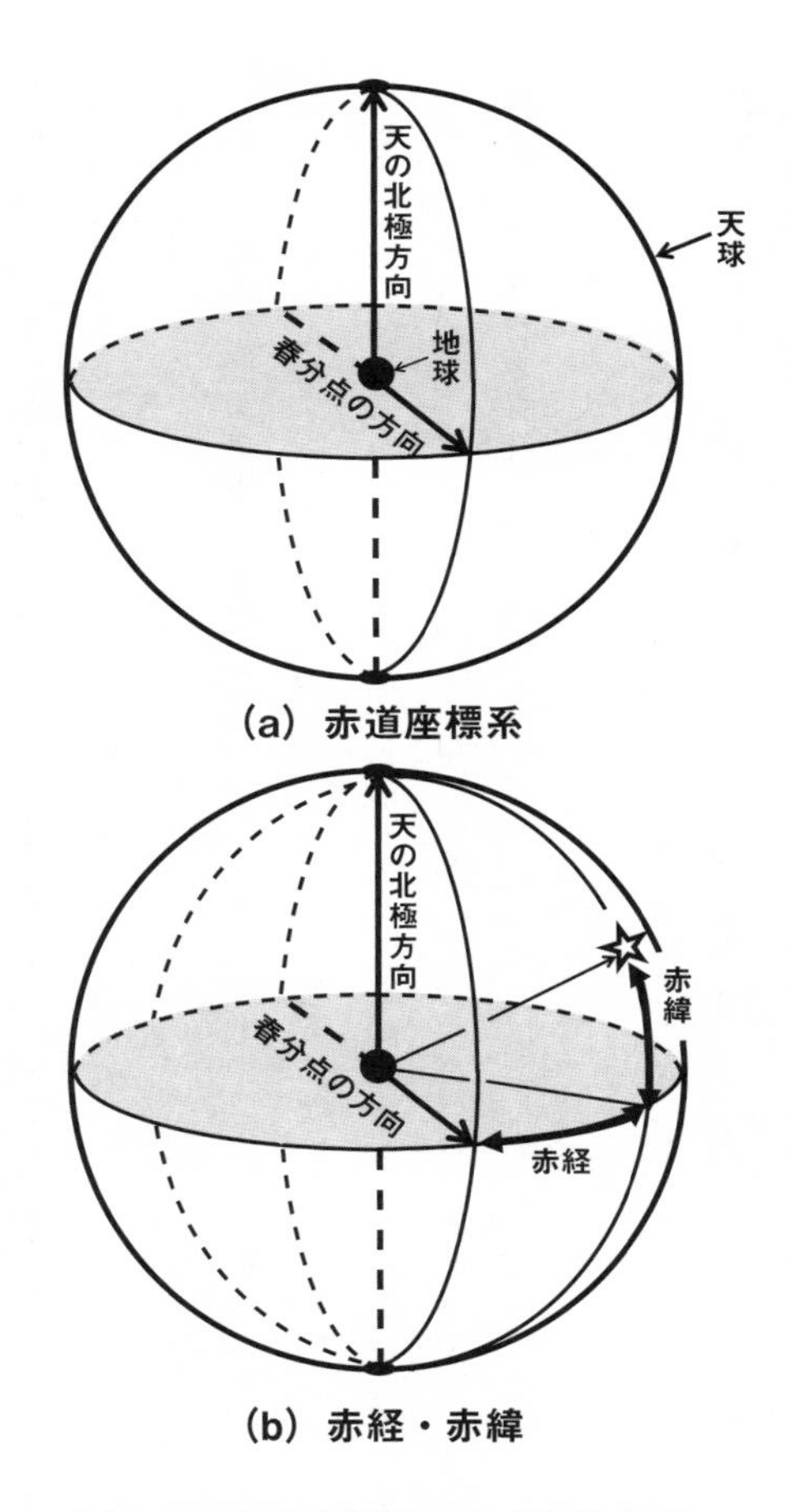

図6−3 赤道座標系による姿勢表現

赤道座標系では、星の位置はすべてこの天球の上に点で表します。ここで「位置」という言葉は誤解を招きやすいですね。だって地球からの距離は星によって大きく異なるので、一律に天球の上に点で表すことはできないはずです。そうです、この座標系は単に地球から見た星の方向を示すだけで、星の3次元の位置を表すことは意図していません。

先に天球の半径が無限大であると言いました。天球上の星の位置を単に方向を示すものであると定義するなら、天球の半径は気にする必要はないわけですね。つまり、天球上に貼り付けられた星の位置は、地球から見たその星の方向だけを示していると解釈するわけです。プラネタリウムを思い浮かべていただければ分かりやすいかもしれません。プラネタリウムでは、半球状の天井に星を投影して、星までの距離は考えずに、方向だけを表現しています。

さて、人工衛星の姿勢をこの赤道座標系で表現するためには、この図の上に基準となる方向を定める必要があります。もう一度、前のページの**図6―3**(a)をご覧ください。灰色に塗った面は赤道面――つまり地球の赤道を含む平面――を宇宙全体に拡大した面です。そして、地球の自転軸の方向が、図に矢印で上向きに示した天の北極方向です。また、赤道面の上にあって春分の日の太陽の方向を図の矢印で示したように、春分点方向と呼びます。この2つの直交する方向を基準軸として、赤道座標系を定義します。

実際には、地球の自転軸方向も、そして春分点の方向も完全には静止しておらず、時間的にわずかに動くので、もう少し厳密な定義が必要です。しかし、ここでは基本的な原理を理解するのが目的なので、この動きは考えないことにしましょう。

さて、本来なら座標系と呼ぶためには、もう1つ基準となる軸を定義する必要があるのですが、先にお話しした通り、星の3次元の位置を表現するのではなく、単に人工衛星の姿勢を表現するだけなら、当面この2本の軸があれば事足りるのです。

先に、座標系には無数の種類があると言いましたが、ここでちょっと脱線して、一般的な座標系のお話をしてみます。今ご紹介している赤道座標系は2本の軸で済ませようとしていますが、3本目を追加して3次元空間での本来の座標系を考えてみます。いわゆる直交座標系では、直交する3本の軸によりある点の位置を表現します。この3本の軸をどう選ぶかは任意性があり、使い道によりさまざまな直交座標系を定義することができます。

2次元平面を表現する座標系では2つの変数、3次元空間の座標系は3つの変数を用いることで直観的に理解しやすいのですが、4次元またはそれ以上の多次元の座標系も用いられ、こうなると頭の中に具体的なイメージを描くことが困難になります。よく用いられるのは、一般座標と呼ばれる座標系で、1つの点だけでなく多くの点の運動をまとめて表現することができます。コンピューターが活躍する分野では、多い場合には数十、数百の変数を使って座標を表すなんていうこともあります。

座標系の一般的なお話はこれくらいにして、天球上の星の方向を表現する方法に戻ります。**図6―3**(a)で定義した赤道座標系を用いて星の方向を表現するには**図6―3**(b)に示す赤経と赤緯を用います。この図で☆で示した星の赤経は、地球の中心から見て春分点方向となす角度です。また、☆の赤緯は、同じく地球中心から見て赤道面となす角度を示しています。つまり、ある方向を表現するのに赤経○○度○○分、赤緯××度××分、という言い方をするわけですね。以上が赤道座標系の考え方です。人工衛星の姿勢を表現する場合、赤道座標系は直観的に分かりやすくて便利なので、衛星技術者の会話にはしばしば登場します。

姿勢をどうやって知る？

さて、人工衛星の姿勢を表現するための座標系が決まったら、次は姿勢を検出する道具、つまり姿勢センサーについて見てみましょう。姿勢センサーにも驚くほど数多くの種類があり、目的に応じて使い分けますが、ここでは典型的な例をいくつかご紹介することにします。

【回転型ジャイロ】

姿勢センサーとしては、まずジャイロを思い浮かべる方も多いことでしょう。コマが回転するとその回転軸の方向が安定する——物理屋さんの言い方では角運動量が保存される——という原理を利用するのが、古典的なジャイロです。コマのような高速の回転体を積んで、それを姿勢の基準とするのは、船で用いられた昔ながらの姿勢検出の方法です。現代ではその技術は極度に洗練されてはいますが、基本的な原理はそのまま最先端の人工衛星にも使われています。

図6－4は回転体を用いるジャイロの基本的な概念を示す図です。この図の(a)では、ローターと呼ばれる高速の回転体がフレームに支持されている様子が示してあります。

ローターは、コマと同じように姿勢が安定する性質を持っていて、回転軸の方向は外から力を受けない限り一定です。

図6―4(a)に示したフレームを、図(b)に点線で示した軸回りに回転できるように支持した構造をジンバルと呼びます。この構造はローターが1つの軸回りに回転の自由度を持つので、1自由度ジャイロと呼びます。

図(c)では、図(b)の1自由度ジャイロの外側にもう一つフレーム――これを外側ジンバルと呼びます――が追加されています。外側ジンバルは図(c)に点線で示した軸回りに回転することができます。つまり、内外2つのジンバルでローターを支えて、直交する2つの軸回りにローターの回転軸そのものが回転できるような構造になっているのが(c)です。

図(c)のように、二重のジンバルでローターの回転軸が自由に回転できるような構造のジャイロを2自由度ジャイロと呼びます。図(c)の一番外側のフレームは台座に載っているように描いてありますが、この台座が航空機や人工衛星の機体に固定されていると考えてみましょう。機体――つまりこの台座――が空中でさまざまな姿勢をとったときに、ローターの回転軸は(理想的には)常に一定の方向を向いていて、機体の

図6−4　回転型ジャイロの原理

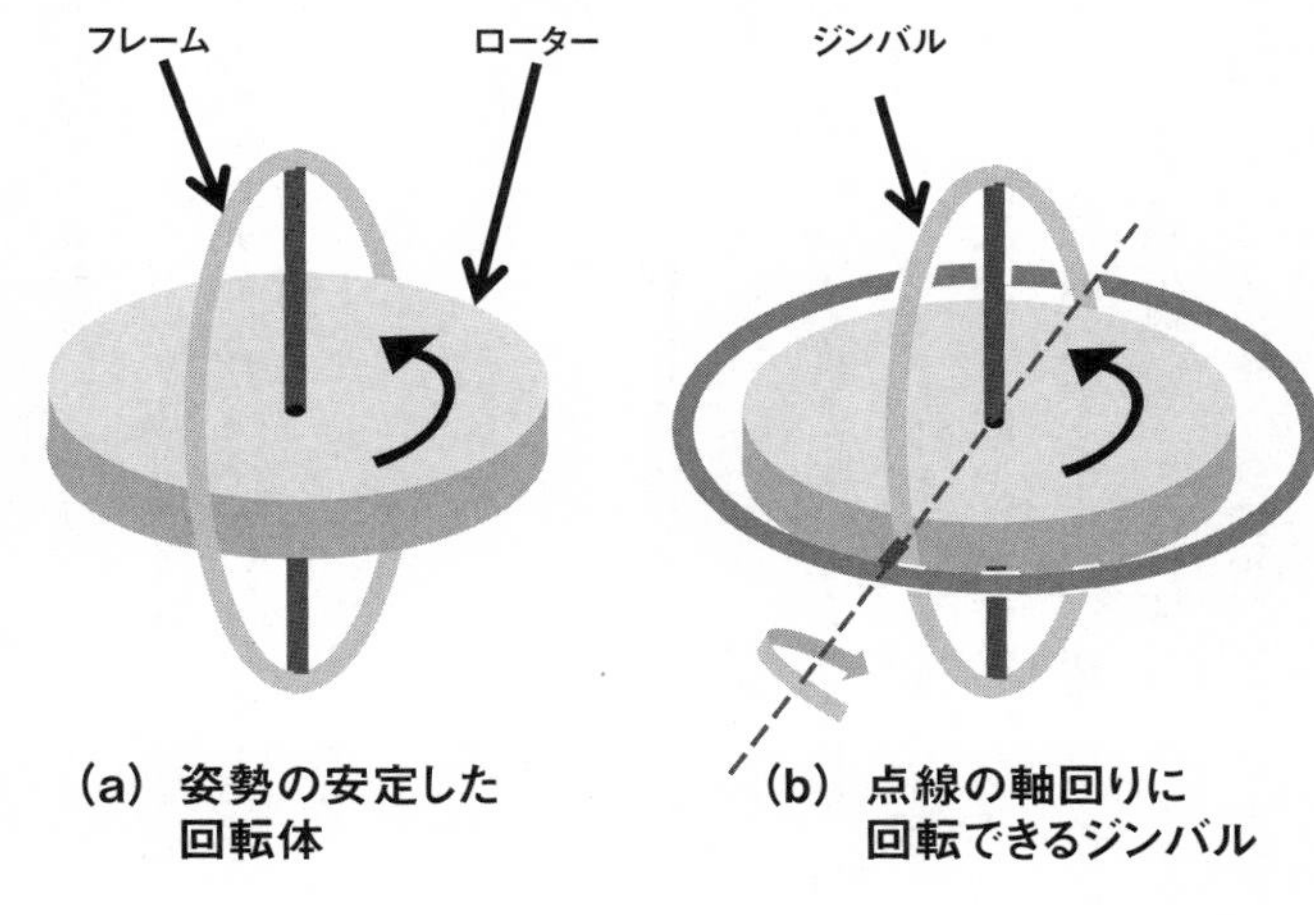

(a) 姿勢の安定した回転体

(b) 点線の軸回りに回転できるジンバル

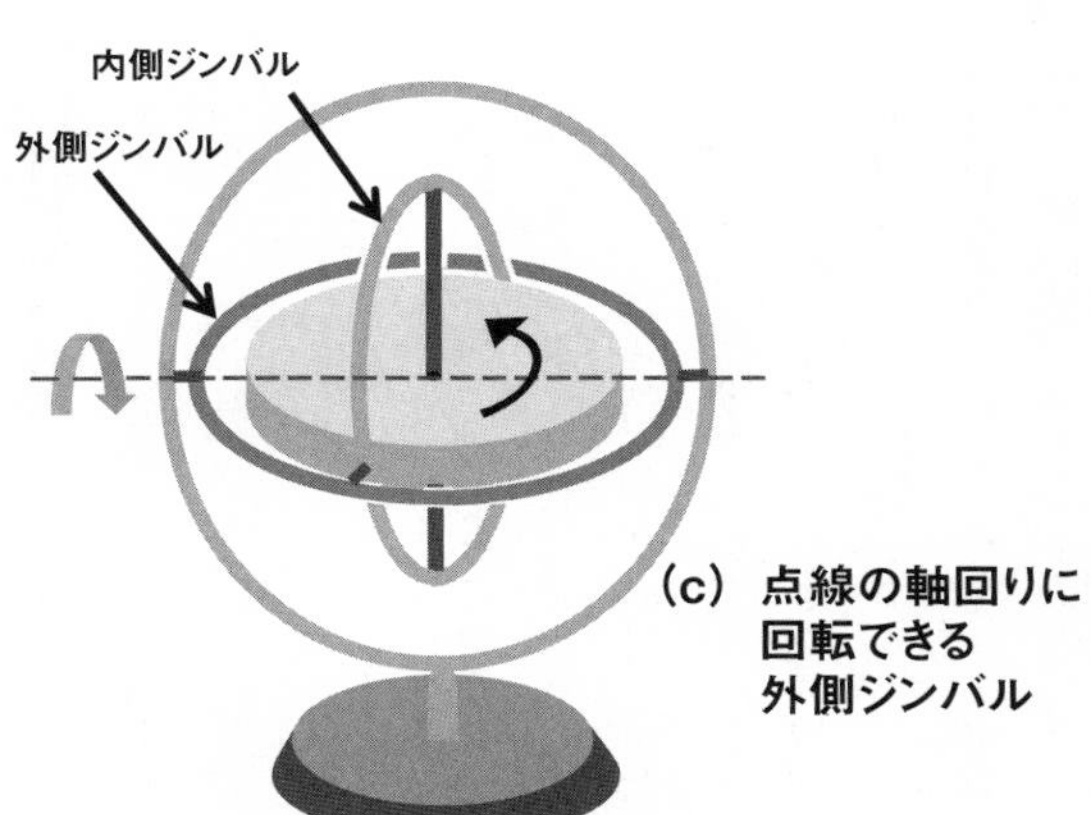

(c) 点線の軸回りに回転できる外側ジンバル

向きにはよりません。つまり、ローターが航空機や衛星の姿勢基準となるわけですね。

これが、ジャイロの基本概念です。実際に用いられているジャイロは、複雑な機構と電気系を追加して精度や安定度を向上させたり、計測範囲を拡げたりする工夫がなされていますが、ここでは基本的な原理をご理解いただくことに留め、深入りはしないことにしましょう。

【振動ジャイロ】

先に紹介した回転体を用いるジャイロは、機構的な構成が複雑で重くなる欠点があります。一方、振動ジャイロは小型化の技術がどんどん進み、数ミリ角で、重さ0.1グラムなどという驚くほど小さなジャイロが、MEMS（メムス）と呼ばれる超小型製品の一つとして実現しています。MEMSとは、Micro Electro Mechanical Systemsの頭文字をとった造語で、直訳すると微小電気機械システム。ジャイロに限らず、センサーや機械的な動きを伴う部品の超小型化を実現する、縁の下の力持ちのような技術です。

このような超小型のジャイロは、スマホやゲーム機器の動きの検出、カーナビの移動計測、デジカメの手ぶれ補正、ロボットのアームや姿勢の制御、ドローンの姿勢制御など、私たちの生活の中で目覚ましい活躍をしています。

ところで、回転により変化する姿勢を測るのに、なぜ振動が登場するのでしょうか？　ちょっと不思議ですよね。振動ジャイロの原理を調べてみましょう。

力学の分野では、コリオリの力という仮想的な力が知られています。図**６−５**をご覧ください。

グレーの平面の上で、アリが「進行方向」と書かれた矢印の方向に動こうとしています。そして、アリの載っているグレーの平面は、図に示すように回転しているとします。このとき、アリは進行方向と直角の方向に力を受けたように感じます。この仮想的な力はコリオリの力と呼ばれ、図に点線の矢印で示した方向に働きます。アリはグレーの平面の上で予定していた直線的な移動の方向を外れて、この図の例では右方向に

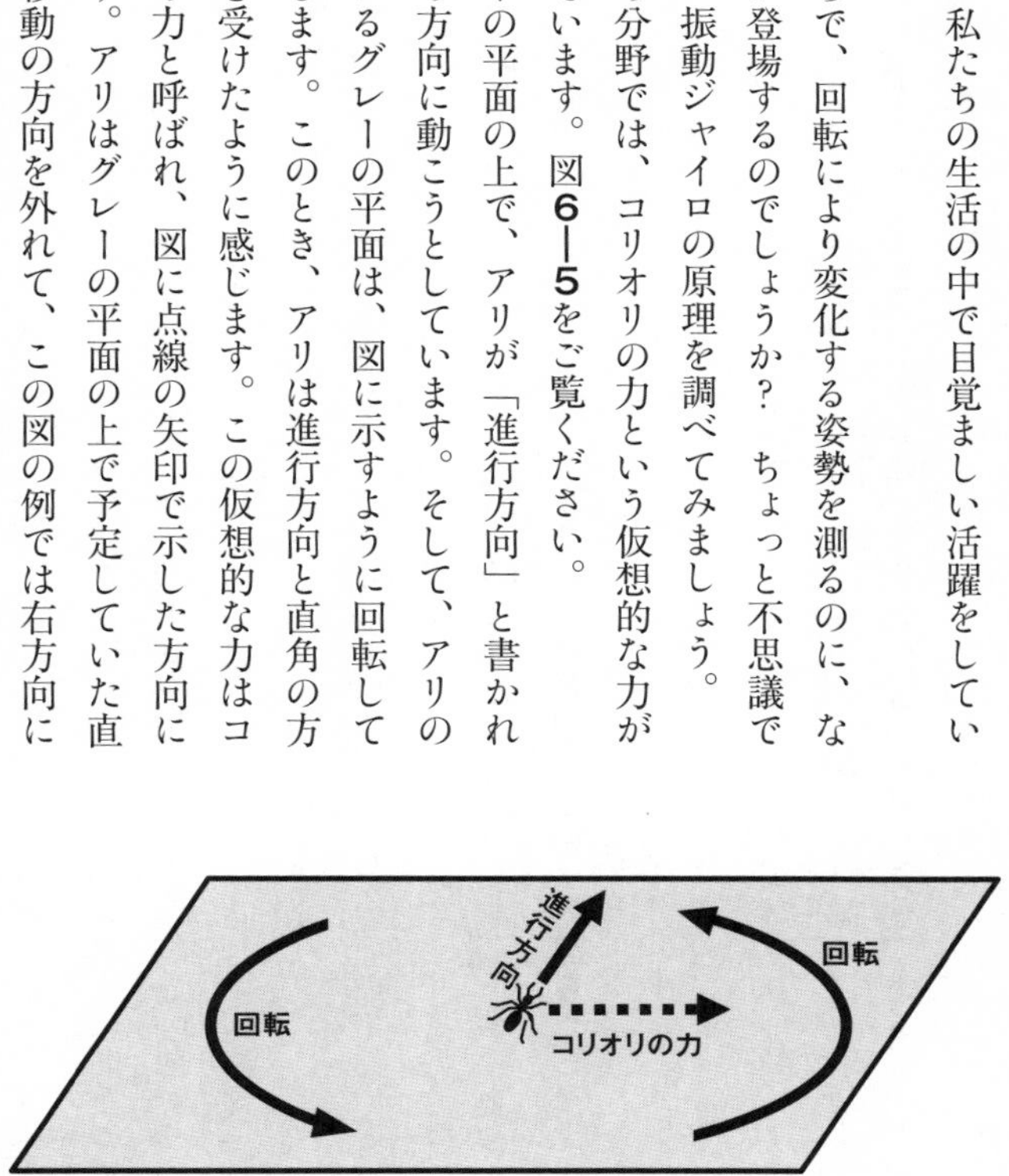

図６−５ アリの運動とコリオリの力

進路を外す結果になります。

例えば、台風の進路を思い出してみてください。南の海上から日本に向かって北上する台風は直進するのではなく、東に曲がって弧を描きますよね。この曲がり方はコリオリの力で説明できます。また、台風の中心に向かって吹き込む風が直線運動ではなく、渦のような回転運動をするのも、コリオリの力のためです。

これらの例のように、回転する面の上に載っている物体がその面内で動くと、位置によって回転に伴う周速度が異なるので、見かけ上の力を受けます。この力は、発見した科学者の名前を冠してコリオリの力と呼ばれます。

振動ジャイロでは、どのようにコリオリの力を利用するのか、**図6―6**を見ながら考えてみましょう。

まず、中央に立っている小さな棒を実線の矢印のように振動させておきます。この棒がグレーの太い矢印のように回転すると、先に述べたコリオリの力が図の点線の矢印のように働きます。その結果、棒は元の振動とは直交する方向にも振動を始めます。この振動の大きさを計測することによって回転の速さを知ることができる、というのが、振動ジャイロの原理です。

この動作原理から分かるように、振動ジャイロは回転の速さ——角速度——を直接計測することができます。カメラの手ぶれ防止や、ロボットのアームの動きの制御など、この角速度を知りたいことも多いのですが、一方、姿勢が知りたいときには、角速度を時間的に累積して、角度として読み出す必要があります。

振動ジャイロは小型軽量かつ安価で応用の範囲は広いのですが、姿勢角の精度が他のジャイロに比して低いという欠点があります。ジャイロで姿勢を測るときには、時間の経過とともに計測誤差が累積していきます。この現象はドリフトと呼ばれ、ジャイロの性能を示す重要な指

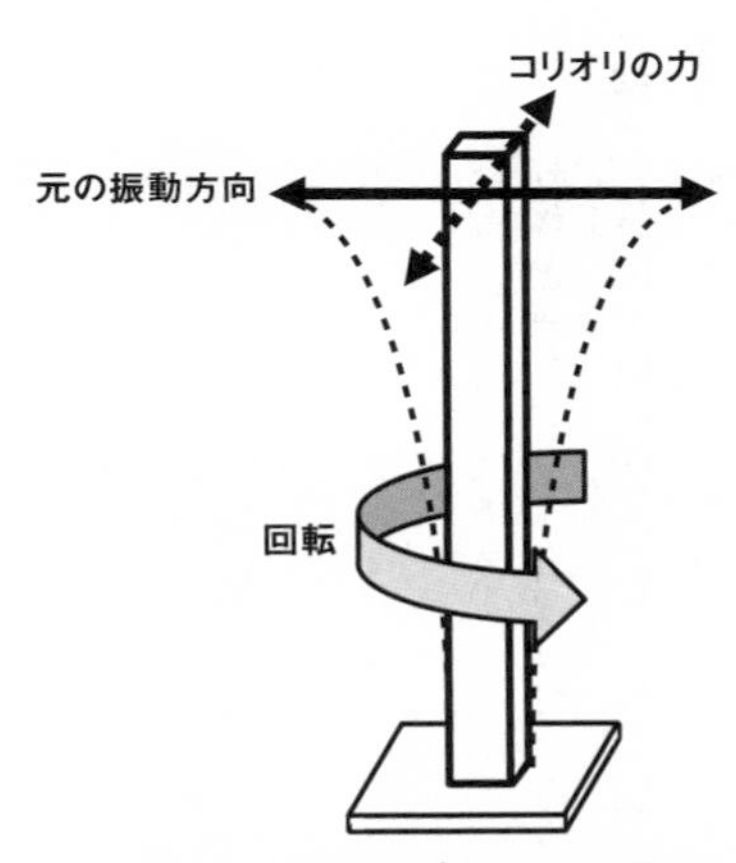

図6−6 振動ジャイロの原理

標の一つです。従来の振動ジャイロでは、ドリフトが1時間に数十度で人工衛星の姿勢基準には不向きでした。しかし、最近の研究開発の進歩は目覚ましく、1時間に0・004度のドリフトを達成するものも出てきて、間もなく宇宙でも姿勢計測に用いられるようになると予想されます。

【レーザージャイロ】

レーザーといえば、光ですよね。光を用いて人工衛星の姿勢を測るなんて、ちょっと考えると不思議だと思いませんか。

筆者が大学院の学生のときの研究テーマは、回転体を持つジャイロでした。もう半世紀も前の話です。当時、レーザージャイロはまだ外国で研究開発がなされている段階だったのですが、その話を指導教官から初めて聞いたときは、別世界のおとぎ話のような気がしたのを覚えています。1秒間に30万キロメートルもの猛烈なスピードで直進する光で、ゆったりと姿勢を変える人工衛星の回転を測るなんて、想像すらできなかったからです。

今ではレーザーを用いるジャイロが航空機では主流で、さまざまな方式のレーザージャイロが開発されています。ここでは、(それらを網羅的に紹介するのではなく)例を挙げて基本的な考え方を調べてみることにしましょう。

次のページの**図6―7**をご覧ください。仮想的な円環状のレーザーの通路があるとしましょう。**図6―7**(a)にSで示した場所からレーザーが左右両方向に同時に発射されました。図(a)は、円環が静止しています。左方向に向かう光Aと逆に右方向に向かう光Bは、円環を一周した後、もちろんSには同時に戻ってきます。

ところで、この円環が**図6―7**の(b)および(c)のように回転しているとどうなるでしょうか。例えば、光Aが円環を一周して元の場所に帰って来る間にSの位置はS'に動いています。このため光Aは、出発点の位置Sに戻るよりも少し長めに進む結果となります。円環を逆方向に回る光Bは、**図6―7**(c)から分かるように、一周は光Aより少し短めの経路となります。このように円環が回転すると光AとBが円環を一周する際の光路の長さに差を生じる現象はサニャック効果と呼ばれます。この光路差は回転速度に比例して大きくなるので、A、B両方の光の一周の時間差を計測することにより回転速度を知ることができるのです。

図6―7では、SとS'が、かなり離れているように描いてありますが、実際は光の

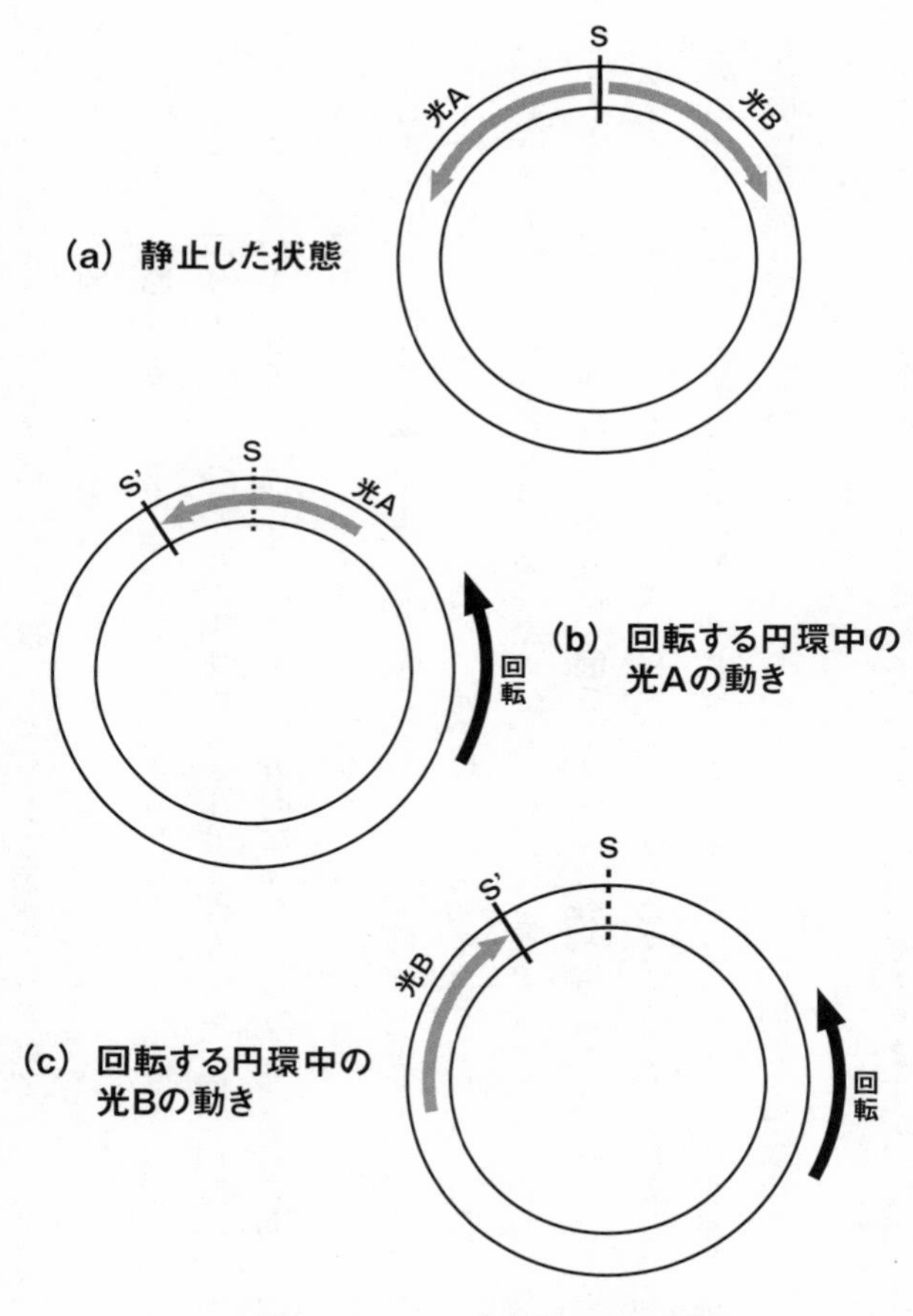

図6−7 レーザージャイロの原理

速度が猛烈に大きいので、光が円環を一周する間に生じるこの差はごくわずかで、光AとBが円環を一周する短い時間差を計測するのは容易なことではありません。もちろん、普通のストップウォッチでは手も足も出ません。しかし、現在の進歩したレーザーの技術では、この原理に基づいて高い精度で円環の回転速度を知ることができます。

数あるレーザージャイロの方式の中の一例として、ここでは光ファイバージャイロをご紹介しましょう。先にサニャック効果により、円環の回転速度と左右に回る光の光路差が比例する、というお話をしました。サニャック効果のもう一つの重要なポイントは、光路差が円環の囲む面積にも比例するという点です。しかも、必ずしも形は円環である必要はなく、三角形でも四角形でも、あるいは琵琶湖の周回道路のようなグネグネした形でも、とにかく囲む面積を稼げば感度が上がるというのです。

そこで、次のページの**図6－8**のように光ファイバーをくるくる巻いて面積を稼ぐ方法が有効になります。この図のようにコイル状に巻いた長い長い――数百メートルから1キロメートルを超えるような長さの――光ファイバーの両端から光Aと光Bを同時に入れて、出てくる2つの光の時間差を測ります。

こう言うと簡単なように聞こえますが、実際は微小な時間差を安定的に、かつ精度よく計測するには多くの困難を乗り越える必要があり、技術者が大変な苦労をします。白状するなら、昔、筆者はロケットの制御に必要な光ファイバージャイロの開発に携わったことがあり、開発上の多くの困難でロケット開発に一年以上の遅れをきたした悪夢のような思い出があります。思い出すと今でも冷汗が出るような苦い経験です。ロケット内の温度の変化、打ち上げの振動・衝撃、周囲の雑音などなどが予想以上の悪さをするので、光ファイバージャイロの精度が設計通りに得られず、格別の対策が必要であることが開発の途中で次第に分かってきたためでした。

大学の研究室で研究用に試作するジャイロの実験は、振動の少ない深夜、しかも地下に設置して、実験装置の周囲をロープで囲んで、数メートル以内に近寄らないでください、などと環境を整えることが可能で

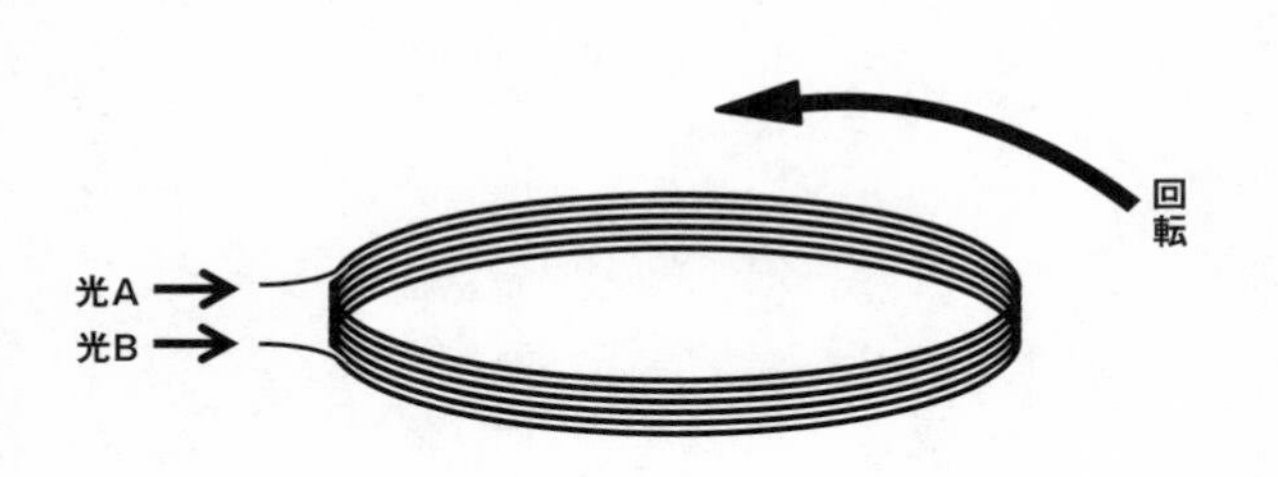

図6−8 光ファイバージャイロの原理

す。しかし、ロケット打ち上げの厳しい環境下で精度を保つのは至難のワザであることを身にしみて感じた次第です。

航空機ではすでにレーザーを用いたジャイロが主流になっています。ロケットや人工衛星など宇宙でも次第に、回転型のジャイロに代わってレーザージャイロの利用が進んでいます。機械的に高速に回転する部分を持つ回転型のジャイロに比して、レーザージャイロは寿命や耐環境性という意味で優れているのが大きな利点です。また、光を用いるジャイロは、スイッチを入れてから計測が安定するまでに要する時間が機械的な回転型ジャイロに比して格段に短いという点でも優れています。

【星による姿勢測定】

いくつかのジャイロセンサーを取り上げて仕組みを見てきました。これらのジャイロに共通する性質を明らかにするために、例えば次のような極端な条件下の人工衛星を考えてみましょう。

衛星全体をすっぽりと箱で覆うことにします。この箱は分厚い鉛でできていて、外からは光はもちろん、放射線などもほとんど入って来ません（「ほとんど」というのは、分厚い鉛を通して放射線はわずかには侵入してくるし、ニュートリノなどの素粒子や重力波などは平気で通り抜けて行くからです)。もちろん、こんな箱の中に衛星を入れるなんて現実にはありえないので、これも先にお話しした思考実験の例ですね。

さて、この箱の中に入れた人工衛星は、自分の姿勢を知ることができるでしょうか。答えは「イエス」です。先に紹介したジャイロを使えば、外の世界と没交渉のまま人工衛星やロケットの姿勢を測ることができる、という性質を持っています。箱の中で人工衛星が回転したら、ジャイロは回転角を計測してくれます。

しかし、ジャイロは姿勢そのものを直接測るのではなく姿勢の変化を測るセンサーなので、この思考実験では、箱に入れる前に今の姿勢を別の方法——ジャイロ以外の計測方法——で知っておく必要があります。技術者の言葉で言うなら、ジャイロに初期値を与える必要があるということです。それ以後は、箱の中に閉じ込めてひっくり返ったり回転したりしても、初期の姿勢からの変化を測って、外とは情報のやり取りがない状態でも今の姿勢を知ることができる、というわけです。

では、ジャイロは正確な初期の姿勢さえ教えれば、以後は永遠に姿勢を計測してくれるかといえば、残念ながらそんなことはありません。すべてのジャイロには前にお話ししたドリフト――時間とともに誤差が蓄積していく現象――という共通の欠点があり、長い時間を経過すると少しずつ姿勢の計測値に誤差がたまってゆきます。ドリフト量をどの程度小さく抑えることができるかは、ジャイロの重要な評価ポイントであることは、すでにお話しした通りです。

例えば、一カ月も海に潜っている潜水艦などで用いる特殊なジャイロでは、このドリフトを極度に小さく抑える工夫がなされています。しかし、小さいとはいってもドリフトは存在し、ときどき浮上して外の情報を使って姿勢を修正する必要があります。また、天文衛星や地球観測衛星など、ものすごい精度で姿勢を制御することが要求される場合は、高精度のジャイロを使っても一カ月どころか、ごく短時間のドリフト――例えば、10秒間のドリフト――でも我慢できない、という場合が出てきます。そんな厳しいユーザーには、ジャイロの初期値としての姿勢を与えるだけではなく、運用中ずっとジャイロのドリフト補正のための姿勢情報を提供する姿勢センサーが必要なのです。

このように、姿勢基準としてジャイロを用いるときは、姿勢の変化分ではなく、姿勢そのもの――絶対姿勢などと呼ぶことがあります――の計測を行う別の手段が必要です。この目的で、磁気センサー、太陽センサー、地球センサー、恒星センサーなどが用途に応じて用いられます。

中でも、恒星センサーはカメラを用いて精度の高い姿勢検出が可能で、複数の星を見ると3軸回りの絶対姿勢が一度に決定できるので、広く用いられています。カメラの視野に写った複数の星から姿勢を推定するには、全天の星の地図（星図といった方が正確ですね）データをセンサーが持っていて、カメラから得られた星のパターンと照合する必要があります。このような機能を備えた恒星センサーは、スタートラッカーと呼ばれています。高性能なスタートラッカーでは、1万分の1度以上という驚異的な精度を達成しています。一方、暗い星まで撮影するために露光時間を長くする必要があり、かつ星図との照合の計算に時間をとられるので、姿勢検出の頻度は1秒間に数回程度になってしまいます。このように時間的に飛び飛びに得られるスタートラッカーのデータの間を連続的に埋めるのがジャイロの役割です。

また、高感度の恒星センサーは、放射線などの雑音に弱いという欠点があり、ときに姿勢を見失うことがあります。他にも、視野のそばに太陽や地球などの明るい天体が見えると動作しなくなるのも欠点です。一方、回転型のジャイロは安定していて、このような恒星センサーのご乱心に際して、精度は多少犠牲にしても確実に姿勢基準を保つ、という重要な役割を果たします。

ここでは恒星センサーに注目しましたが、太陽センサーや地球センサー、地磁気センサーなども恒星センサーに比べて精度は落ちるものの、確実に姿勢を計測する手段としては広く用いられています。

何もない宇宙でなぜ姿勢が変わる？

前節の思考実験で、あなたが宇宙空間に放り出されたという恐ろしい体験を（思考上で）していただきました。そのとき、あなたは不規則な回転運動をしてしまい、いくら手足をバタバタさせても姿勢を制御することはできなかったことを思い出してください。真空の宇宙空間では何の手がかりもないので、姿勢を変えることは至難のワザです。では、人工衛星はどうやって姿勢を制御しているのでしょうか。少し調べてみましょう。

その前に、そもそもどうして何の力も働かない宇宙空間で、人工衛星の姿勢を制御する必要があるのでしょうか。これは、極めてもっともな疑問です。というのも、外から力が働かない限り姿勢は変わらない――というよりは、変えようがない――のが、宇宙空間ではなかったのでしょうか？

実は、何もないはずの宇宙空間で姿勢が変動する要因はいくつもあります。第一に、そっと人工衛星をロケットから離したつもりでも、ごくわずかな力が衛星に働きます。ここで、もしこの「ごくわずかな力」の方向が衛星の重心をまったく誤差なしに向いていれば衛星は回転しませんが、実際にそれは実現不可能で、ごくわずかな回転力――技術屋さんの言葉では、トルク――が衛星に働き、目には見えにくいようなゆっくりとした回転を起こします。仮に1秒間に1000分の1度という人間には静止状態と見分けがつかないようなゆっくりとした回転であっても、二日間も放置すると大きく姿勢が変化して、まったく逆方向を向いてしまう計算になります。

さらに、宇宙空間では何の力も働かないというお話を繰り返ししてきたのですが、厳密にはそれは間違いで、さまざまな微小な力が人工衛星には働いています。まず、太陽光の圧力――物理屋さんの言葉で言うなら輻射圧――です。この力は人間には感じられないほど小さいのですが、宇宙空間で長時間累積すると大きな衛星の姿勢や軌道が変わるほどの威力を発揮します。輻射圧は、衛星の各部分の反射率や太陽光線に対する角度などで異なり、それらを総合した力が重心から離れた点を狙うと回転力――つまりトルク――を発生します。

その他にも、低い軌道にわずかに残っている大気によるトルク、衛星が持っている磁気が地球の磁場により受けるトルク、重力が高度によってわずかに異なる――衛星屋さんの言葉では重力傾度がある――ために生じるトルク、などが衛星には働きます。いずれも普通の常識からするとごく小さなトルクなので存在すら考慮する必要がないように思えますが、何もない宇宙空間ではこれらの影響は無視することはできません。このような外からの力は、衛星の姿勢を乱す悪玉にもなるし、逆にこれらの力を利用して姿勢制御をすることもできるので、その場合は善玉になります。

どうやって姿勢を制御する?

さて、人工衛星は放置するとゆっくりとした回転を始めてしまうというお話をしました。この回転を抑えて、搭載した望遠鏡を目指す星にピタリと向けたり、アンテナを地球の特定の向きに制御したり、あるいは太陽電池パネルを太陽方向に向けるように衛星の姿勢を維持するには、どんな方法があるのでしょうか。実にさまざまな方法が使われていますが、ここでは典型的な例を一つご紹介することにしましょう。

図6―9の原理図をご覧ください。この図の(a)に示すように、衛星に回転体を搭載し、それを黒の矢印のように回転させたとします。衛星本体はその反動で、灰色の矢印のように反対方向に回転します。このように回転体の回転数を変えることにより、衛星の1つの軸回りの姿勢が制御できることがお分かりいただけると思います。この回転体はリアクション・ホイールと呼ばれます。リアクションとは反動の意味、ホイールは回転体のことです。

次に、この図の(b)に示すように、リア

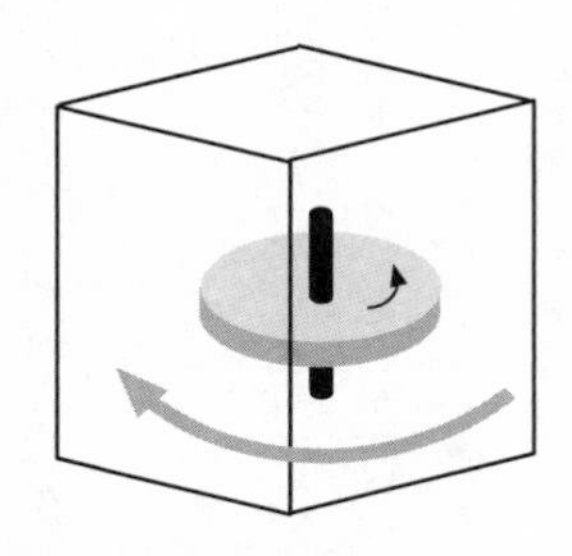
(a) 1軸回りの
リアクション・ホイールに
よる姿勢制御

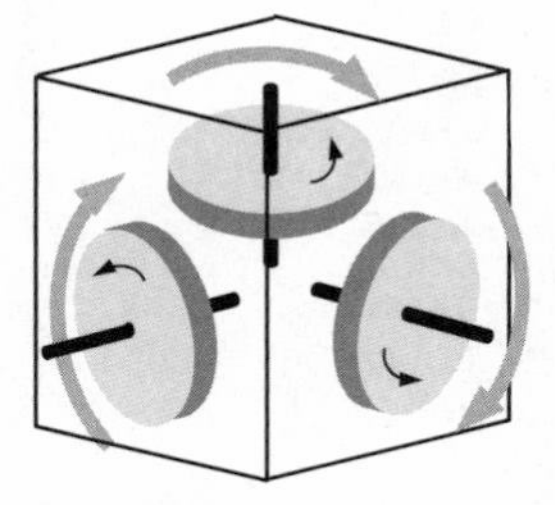
(b) 3軸回りの
リアクション・ホイールに
よる姿勢制御

図6―9 回転体を使った姿勢制御の原理

クション・ホイールを3台搭載し、それらの3本の回転軸がお互いに直交するように配置します。この3台の回転体の回転数を変えることにより、反動で衛星本体は灰色の矢印で示したような3種類の回転をさせることが可能です。結果として、3本の軸の回りに衛星本体を任意の角度だけ回転できること——つまり、衛星の姿勢を任意の方向に制御できること——が、お分かりいただけると思います。

このようにリアクション・ホイールの回転数を制御する方式では、ジェットを噴射する必要はなく、燃料の補給が不要なのでガス欠の心配はありません。しかし、外から働くトルク——例えば、前にお話しした太陽光の圧力など——が長期間同じ方向に作用すると、ホイールの回転数が次第に上昇し、いずれは設計の上限を超えることになります。

そこで、何らかの方法でホイールの回転数を下げる——これはアンローディングと呼ばれます——工夫が必要になります。そのために多く使われるのは、搭載した電磁石に電流を流して磁石を作り、地球の磁気との相互作用で回転トルクを得る方法です。このような目的で衛星に搭載する電磁石は磁気トルカーと呼ばれ、エネルギー源は太陽電池です。リアクション・ホイールと磁気トルカーの組み合わせでは、燃料を用いないので燃料切れによる寿命の制約はありません。

人工衛星の姿勢制御にリアクション・ホイールを用い、さらにそのアンローディングに磁気トルカーを用いる方式をご紹介しました。

そこで、次のような疑問を持つ読者もいるかもしれません。リアクション・ホイールで制御をした上で、その補助としてアンローディングのための磁気トルカーを用いるのは回りくどい。初めから磁気トルカーで衛星の姿勢制御をすれば、1種類のトルク源だけですむのではないか?

これは極めてもっともな疑問です。事実、磁気トルカーのみを用いる人工衛星も数多くあります。では、なぜわざわざ2つのトルク源を用いるのか。それは、磁気トルカーの発生するトルクが小さいからです。そもそも地球磁場そのものが小さいので、衛星に搭載する常識的なサイズの電磁石に働くトルクは微小です。どのくらい地磁気が小さいかというと、例えば、紙を白板に固定するときに使うマグネットと比べた場合、地球の磁場は600キロメートルの高度で0・02%ほどしかありません。そのような磁場を利用する微小な磁気トルカーでは、衛星の姿勢を思った方向に向けるのに時間がかかるのと、制御の精度が悪いという致命的な欠点があります。また、地球の磁場は衛星が軌道上を移動するときに大きく変わるので、制御の特性が時間的に一定ではないという問題もあります。

姿勢制御精度が厳しくない衛星で簡便な磁気トルカーが多く用いられるのは、そんな理由からです。例えば、1～2度ほどの精度で姿勢を安定化すればよいというようなミッションを持つ衛星では、磁気トルカーのみで十分です。それに対して、望遠鏡を搭載した天文衛星では1000分の1度以上の精度を要求する場合もあり、どうしても磁気トルカーだけでは対応できません。

一方、衛星本体を回転させるような、いわゆるスピン衛星では、リアクション・ホイールは用いることはできません。なぜなら、衛星本体の回転と搭載するホイールの回転が干渉してしまうからです。したがって、スピン衛星の姿勢制御では、磁気トルカーが有力な姿勢制御の手段の一つです。

なお、地球磁場は小さいと言いましたが、磁場は衛星の高度によってずいぶん変わります。高度1000キロメートル以下のいわゆる低高度衛星で磁気トルカーが多用されるのは、地磁気が比較的大きいからです。静止軌道のように3万6000キロメートルもの高度になると地磁気がさらに小さいので、磁気トルカーは使われることはほとんどありません。さらに遠くまで行く探査機——例えば、月や火星などの探査機——は、磁気トルカーはまったく用いることができません。

第７章

火星は遠い

宇宙に浮かぶ砂粒

前章では地球を回る科学衛星のお話を中心に、人工衛星について調べました。ここでは、地球の引力圏を離れてもっと遠く——例えば、月や火星など——まで行くような科学衛星について調べてみましょう。月・惑星に行く衛星は多くの場合、探査機と呼ばれます。というのは、厳密に言えば衛星とは、惑星の周りを回る天体のことだからです。

月は、地球という惑星の周りを回る天体、つまり衛星ですね。また惑星の一つ、火星の周りを回る衛星——いわば火星の月です——は2つあり、フォボス、デイモスという名前が付けられています。これに対して火星に向かう探査機は、太陽の周りを回る軌道に入るので人工惑星と呼ぶ方が正確です。しかし、いったん火星に到着して火星を周回する軌道に入れば、火星という惑星の周りを回るわけですから、火星の月、つまり人工衛星と呼ぶこともできるかもしれません。また、太陽系を脱出した探査機ボイジャー1号と2号は、すでに太陽の引力圏を出て星間空間を運動しているので、人工の星と呼んでもよいでしょう。

もちろん、実際にはそんなに厳密な言葉の使い分けをするわけではなく、一般に用いられる呼び名はちょっと混乱していて、「月の探査機」、「火星探査機」または「火星に向かう科学衛星」なんて言われたりします。本書では、地球以外の月・惑星または太陽系の外に向かう場合は、人工衛星ではなく探査機という言葉を使うことにしましょう。

さて、前置きが長くなってしまいました。地球周辺の科学衛星も、火星に向かう探査機も、人類の宇宙への好奇心の充足を目指すという意味では同じですが、その距離と必要な技術には大きな違いがあります。

本書の第1章で、地球を1ミリの砂粒にたとえたのをご記憶でしょうか。このたとえで地球からの距離を比較してみましょう。

国際宇宙ステーション：0・03ミリメートル

月：3センチメートル

火星：4〜31メートル（近づいたり遠ざかったり時期により大きく変化します）

直径1ミリの砂粒のような地球から、数メートル〜数十メートル離れたところに浮かんでいる0.5ミリの砂粒、火星を想像してみてください。国際宇宙ステーションや月までの距離と比べて、ずいぶん遠いのに驚かれたことでしょう。火星に人を送り込む計画の実現が、いかにハードルが高いか納得できるのではないでしょうか。

火星の軌道

火星に限らず太陽系の惑星に探査機がピンポイントで到達するには、大変高度な技術が必要です。例えば、探査機「はやぶさ２」の小惑星リュウグウへの接近に関して、こんな表現を見かけたことがあるかもしれません。

「はやぶさ２」を３億キロメートル離れた、直径９００メートルのリュウグウに見事到達させるのは、東京から大阪にある１ミリメートルの的を狙うのと同等である。

たしかに見かけの数字ではその通りなのですが、この表現にはちょっと誤解を招きやすいトリックが隠されています。

トリック１：探査機は目標天体に向かって直線的に移動するわけではなく、いくつかの曲線の軌道を組み合わせた複雑な経路をとります。「はやぶさ２」の場合は、これらの曲線に沿って32億キロメートルもの旅をした末に、リュウグウに到達しました。目標の小惑星に到達したときの地球からの直線距離は3億キロメートル以下ですから、何と10倍以上の回り道をしたことになります。

トリック２：「はやぶさ２」のこの長い旅路の途中では、繰り返し軌道を計測して誤差があれば修正し、所定の経路を外れないように制御しています。ライフル銃でターゲットを狙う場合は、弾丸が発射された後は軌道を制御することができないわけですから、大違いですね。

以下では、この軌道に関して調べてみることにしましょう。

地球と火星の距離は時間とともに変化する、という話をしましたがなぜでしょうか。月との距離は38万キロメートルと、ほぼ一定なのとは対照的です。もっとも月との距離も細かくみると周期的に変化していて、近いときには36万キロメートルほど、遠いときは40万キロメートルを超えます。地球を回る月の運動は完全な円ではなく、楕円だからです。さらに細かくみると、月は地球から毎年3.8センチメートルほど遠ざかっていくことも分かっています。しかし、大雑把に言うなら、月の距離はほぼ一定です。

一方、地球と火星の間の距離は５千数百万～４億キロメートルと大きく変化します。

その理由は次の通りです。

地球も火星も、公転と呼ばれる太陽を周回する回転運動をしています。**図７―１**をご覧ください。この図では分かりやすくするために、地球も火星も円軌道であると仮定しています。

火星の公転軌道は地球のすぐ外側、いわば地球のお隣さんですが、太陽を一周する時間が異なります。地球が365日かけて一周するのに対して、火星は地球よりもゆっくり687日かけて一周するのです。そのために火星の内側を運動している地球は2年2カ月に1回、火星を追い越す結果となります。**図7―1**(a)は、地球が火星を追い越す時期で、このとき火星と地球との距離が最小(d_1)になります。一方、(b)は、地球と火星が太陽をはさんでちょうど反対側にくる時期で、このとき火星と地球の距離が最大(d_2)になることがお分かりいただけるでしょう。

図7―1では、分かりやすくするために、地球も火星も円軌道と仮定しているので、地球が火星を追い越すとき――つまり、最接近時の距離(図(a)にd_1で示した距離)――は、いつでも同じです。しかし、実際には火星の軌道は楕円形をしているので、事情がちょっと異なります。

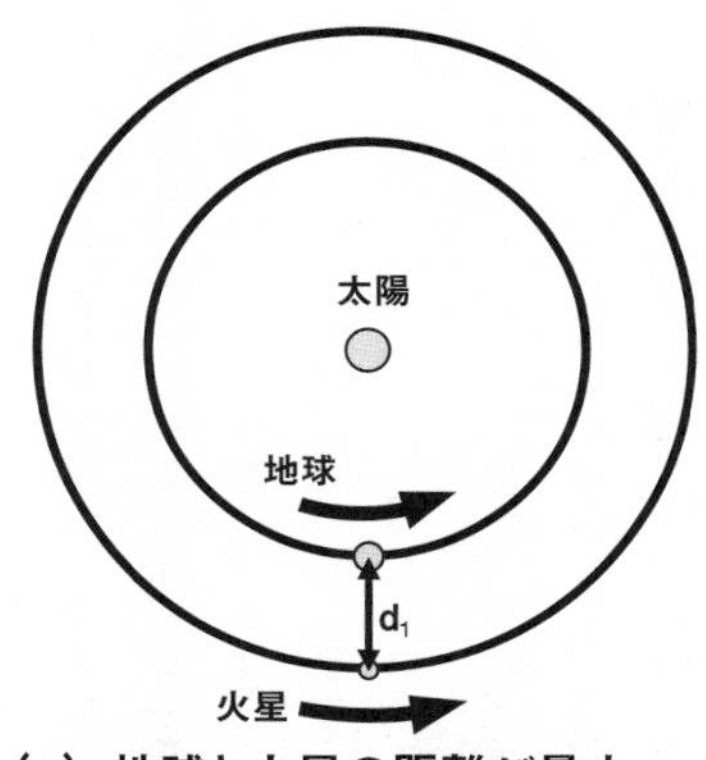

(a) 地球と火星の距離が最小

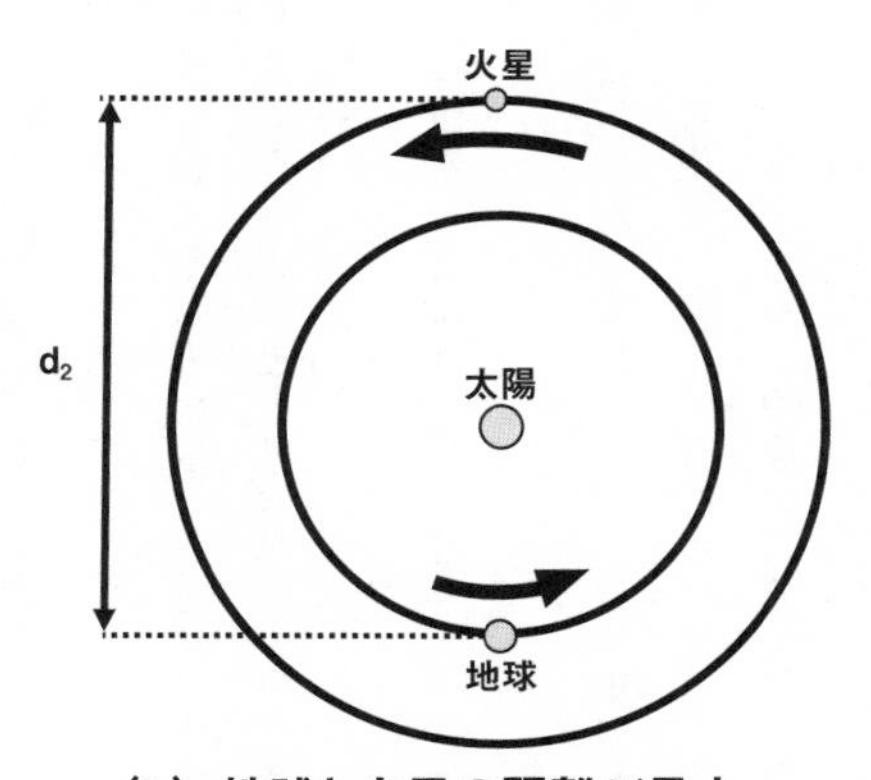

(b) 地球と火星の距離が最大

図7−1　火星を円軌道としたときの
最小距離と最大距離

今度は**図7―2**をご覧ください。地球軌道はほとんど円とみなすことができますが、その外側の火星軌道は円から少し外れて楕円です。2年2カ月に1回起こる最接近のチャンスが、火星の楕円軌道のどの部分で起こるかによって、最接近距離が異なることの理由を示す図です。最接近距離が大きい場合には図(a)に示す d_3 のようになり、最接近といいながら距離は1億キロメートルを超えるので小接近と呼ばれます。一方、図(b)の d_4 のように最接近距離が小さくなるときは大接近と呼ばれ、火星までの距離は5千数百万キロメートルほどになります。多くの場合の、最接近はこの二つの極端なケースの間――例えば、図(c)の d_5 に示すような位置関係――になり、中接近と呼ばれます。

ところで、ここでご紹介した火星の最接近距離が変化する理由は、納得しやすい説明なので一般に広く流布していて参考書にも出ています。しかし、実はこの常識的な説明は誤りとは言えないものの、不十分で誤解を招き兼ねないので少なくとも追加の説明が必要です。

というのは、「火星軌道が楕円なので最接近距離が変化する」ことは正しいのですが、この楕円はかなり円に近いのです。具体的な数値を調べてみましょう。火星の楕円軌

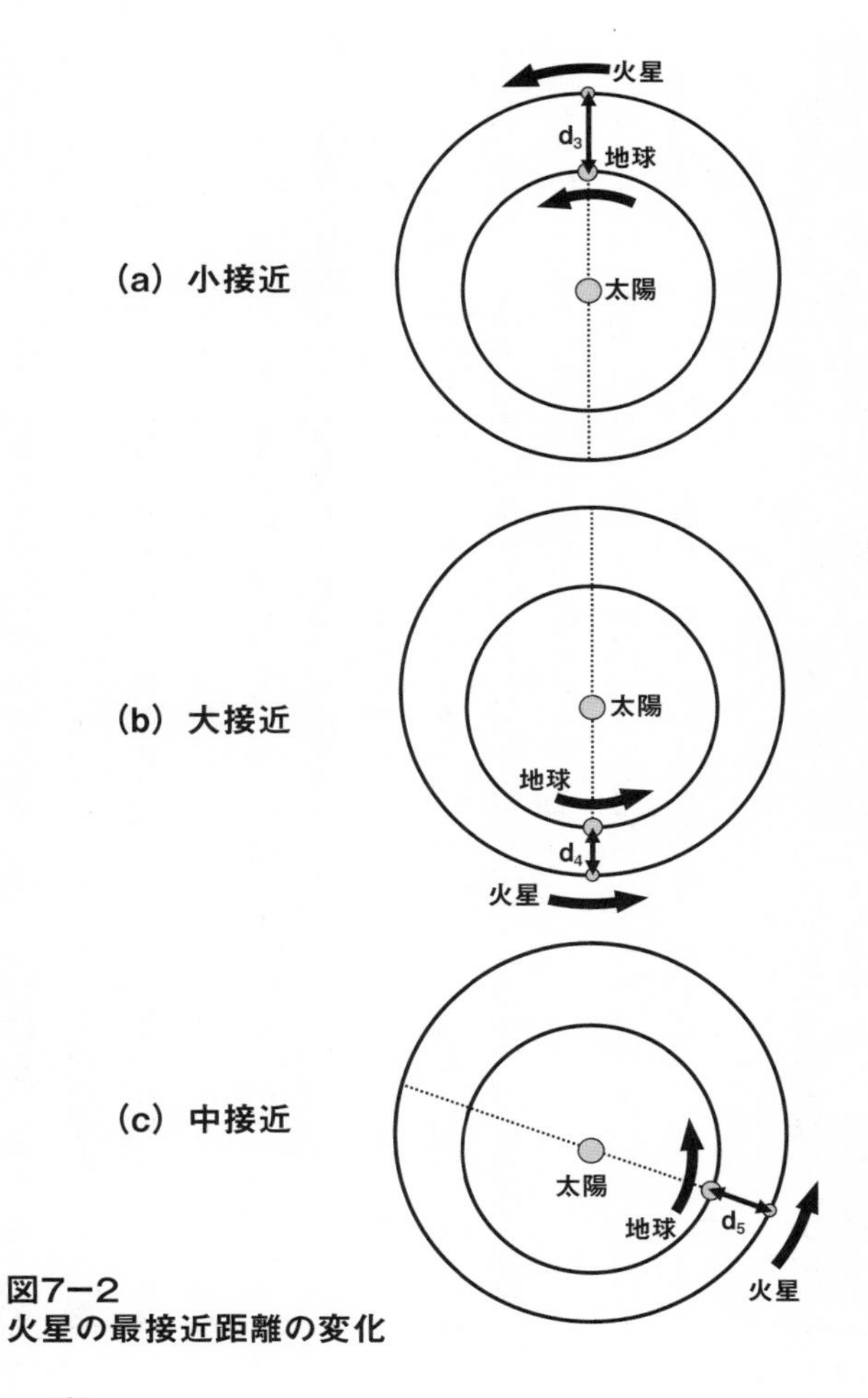

図7−2
火星の最接近距離の変化

道の長い方の差し渡し（長径と呼ぶ）と短い方の差し渡し（短径と呼ぶ）の差は0.4％しかありません。例えば、普通の鉛筆とコンパスで直径10センチの円を描くと、0.4％とは0.4ミリですから、円周を描く鉛筆の線の太さの中に、この楕円は埋もれてしまうほど円に近いのです。ほとんど円に近い火星軌道は、これまたほとんど円に近い地球から見たとき、最接近距離は前に原理説明に使った**図7―1**のように一定になるように思えますよね。どうして地球からの最接近距離は5千数百万キロメートルほどから1億キロメートル以上まで大きく変化するのでしょうか。種明かしは次の通りです。

17世紀初めに活躍したドイツの天文学者ケプラーは、三つの法則を発見したことで有名です。そのうちの第一法則として知られているのは、「太陽の周りを回る惑星の軌道は楕円で、その焦点の一つが太陽である」です。

ここで楕円の焦点の意味を少しだけ復習しておきましょう。ご存知のように円は、平面の上で中心点から等しい距離にある点の集合です。それでは楕円はどのように定義されるでしょうか。

図7―3をご覧ください。中心0から等しい距離の反対側に2つの点F_1およびF_2を決めます。そして、F_1からの距離ℓ_1とF_2からの距離ℓ_2の合計、つまり$\ell_1+\ell_2$が一定の

値になるような点（例えば、**図７―３**のＰのような点）の集合が楕円です。F_1およびF_2がこの楕円の焦点です。

　太陽の周りを回る惑星――例えば、地球や火星――は、多くの場合太陽を中心とする円に沿って太陽の周りを回ると説明されます。しかし、もう少し厳密に言うなら、太陽を焦点とする楕円軌道に沿って太陽の周りを回るというのが、先に説明したケプラーの第一法則なのですね。つまり、太陽は火星の楕円軌道の中心にあるのではなく、焦点にあるのです。そして、火星の場合、この焦点と楕円の中心の距離は何と２１００万キロメートルほどもあるのです。火星の軌道の形は

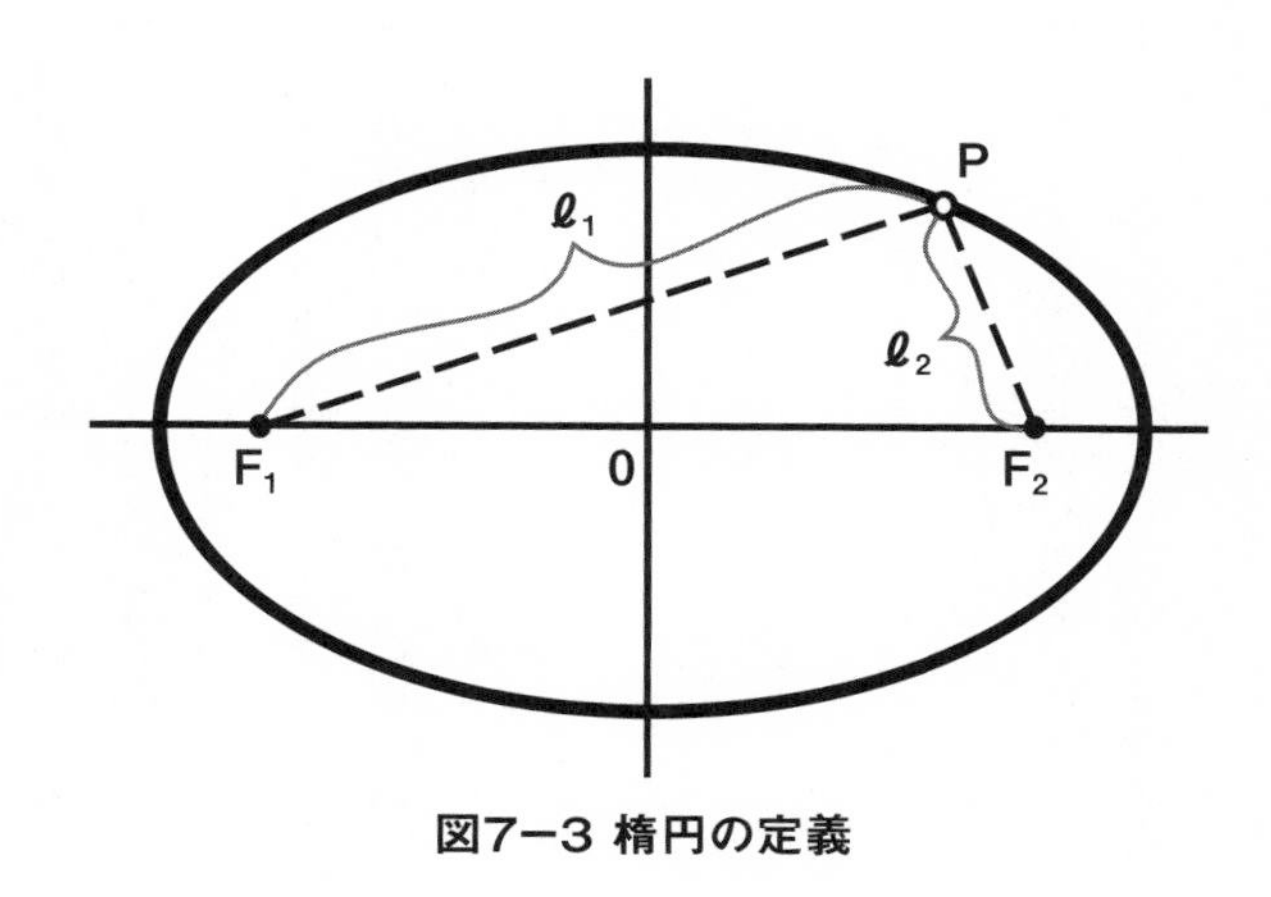

図７―３ 楕円の定義

ほとんど円に近いのですが、その円の中心は太陽の中心からかなり外れていると考える方が分かりやすいでしょう。これを念頭に置いて、もう一度、**図7―2**をご覧ください。地球の円軌道の中心はほぼ太陽の中心にあるので、火星が太陽の周りを回って、地球に追い越されるときの距離――最接近距離――は約2100万キロメートルが足されたり引かれたりで、その2倍、つまり4200万キロメートルほどの範囲内で変動することになります。この変動幅の中で小さな接近距離（5千数百万キロメートル）のときは大接近と呼ばれ、大きな接近距離（1億キロメートルほど）のときが小接近と呼ばれるわけですね。

惑星探査機の軌道

前節で火星は2年2カ月に1回の頻度で地球に近づくこと、そして最接近の距離は一定ではなく、最も近づいたときは大接近と呼ばれるというお話をしました。では、火星探査機は、火星が地球に大接近したときに打ち上げれば最も早く火星に到達し、しかも少ない燃料ですむでしょうか。これは極めてもっともな疑問で、よく筆者が受ける質問の一つですが、実はそうではありません。

ロケットは、推進剤と呼ばれる（液体や固体の）燃料によって加速されるわけですが、地球の自転および公転による速度が足されます。例えば、日本のH-IIAロケットの場合、ロケットの推進力によって得られる速度は毎秒7.5キロメートルです。これに対して、地球の自転に伴う打ち上げ地点（種子島）の速度は毎秒0.4キロメートル、また地球が太陽の周りを回る公転に伴う速度は毎秒30キロメートルです。つまり、惑星間に探査機を打ち上げるときには、ロケットの推進剤によって得られる速度の４倍の速度が足されるわけですね。

そのため、たとえある瞬間に火星が見える方向にロケットを打ち上げても、その４倍の速度が打ち上げの方向とは異なる向きに加わることになり、火星の方向に飛んでいきません。

次のページの**図7-4**をご覧ください。太陽周りの円軌道上を回る２つの天体Aおよび Bがあり、探査機がAから打ち上げられてBに到達する場合を考えます。２つの円軌道は軌道面が同じであるとします。

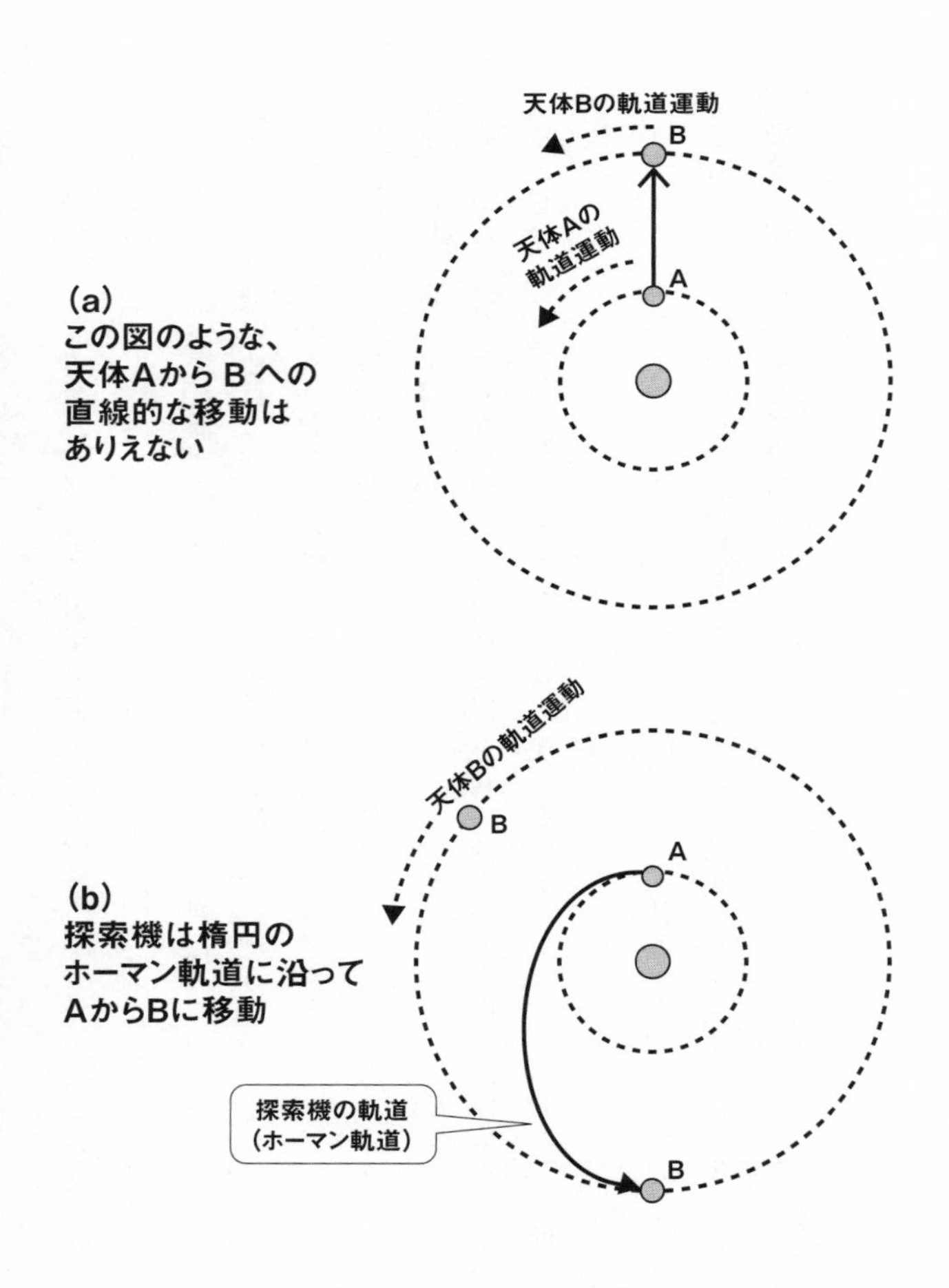
天体Bの軌道運動
B
天体Aの
軌道運動
A
(a)
この図のような、
天体AからBへの
直線的な移動は
ありえない
天体Bの軌道運動
B
A
(b)
探索機は楕円の
ホーマン軌道に沿って
AからBに移動
探索機の軌道
(ホーマン軌道)
B

図7−4 ホーマン軌道

ちょっと考えると、**図7－4**(a)のように直線的にA→Bのように移動するのが、最も燃料が少なくてすむように見えます。しかし実際は、2つの天体AとBは猛烈な速度で太陽の周りを回っているので、このような軌道をとるためには、ロケットは天体の速度を打ち消すために多大な燃料を消費することになります。

ある天体から別の天体に最小の燃料で移動するには、**図7－4**(b)のような楕円の軌道に沿って移動すればよいことが知られています。この楕円は**図7－4**(b)の天体Aを出発するときはAの円軌道に接し、天体Bに到達するときにはBの円軌道に接しています。この楕円軌道は発見した天文学者の名前をとってホーマン軌道と呼ばれます。

実際には、AおよびBの軌道は必ずしも完全な円軌道ではないこと、また2つの軌道面が同じ平面上にないことなどから、この楕円軌道は理想的なホーマン軌道にならないのが普通です。また、天体A→Bの移動に要する時間を短くするために故意に多少ホーマン軌道からズレた軌道を選択することも多いのですが、その場合には時間短縮の代償として燃料をわずかに多めに消費することになります。

次のページの**図7－5**は、NASAが2018年5月5日に打ち上げた火星探査機

「インサイト」の軌道の例で、理想的なホーマン軌道から少しズレた準ホーマン軌道をとっています。

探査機の位置を知るにはどうする?

前節で惑星探査機は、鉄砲のタマとは異なり、目標の天体に到達するまでに途中で何回も軌道を修正するというお話をしました。そのために大変重要で高度の技術が必要なのは、探査機の軌道の計測です。多くの場合、単に計測するだけではなく、計測して得られたデータを統計処理して軌道を推定する必要があり、このプロセスを宇宙業界では軌道決定と呼んでいます。

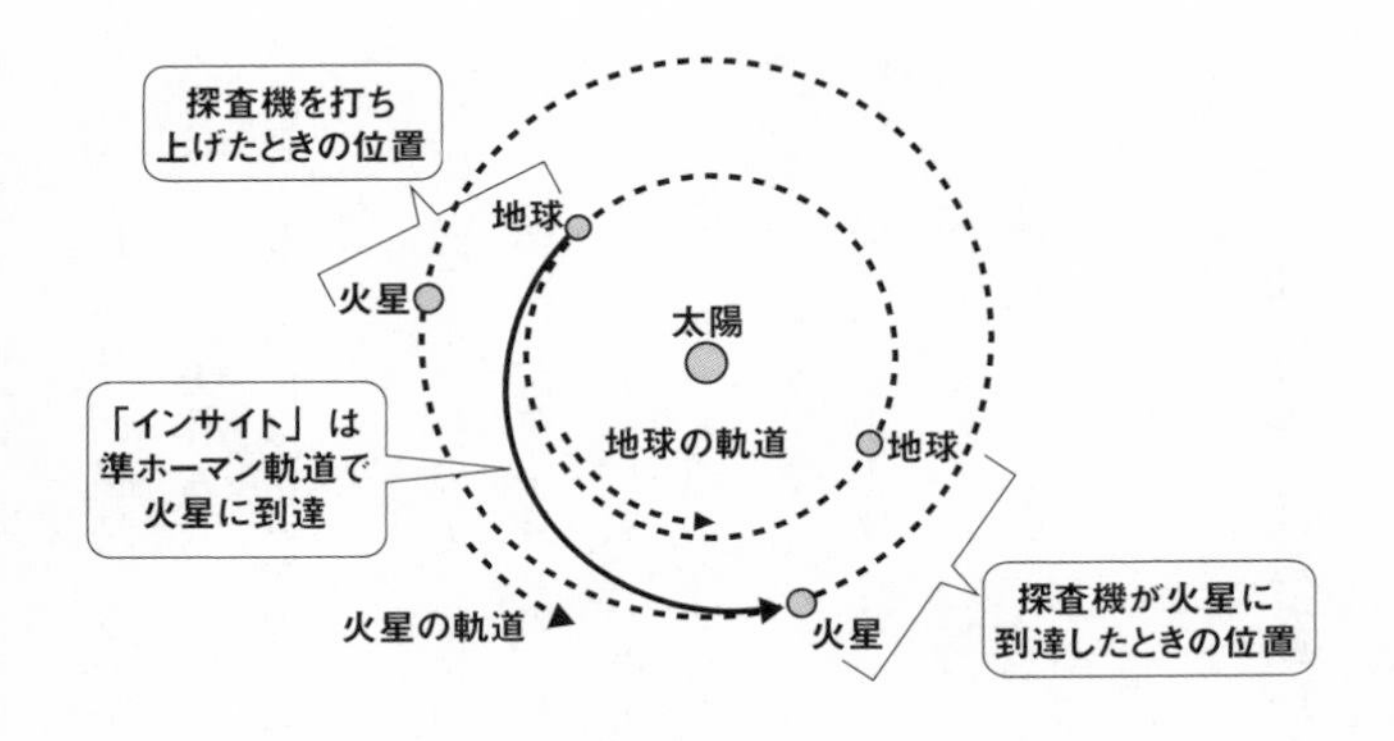

図7−5 火星探査機「インサイト」の軌道

ここでは探査機の軌道を決定する方法を調べてみることにしましょう。地球を回る低高度の人工衛星では、カーナビでお馴染みのＧＰＳを使うことも可能ですが、地球を数千万キロメートルも離れる惑星探査機ではＧＰＳは用いることができません。

ところで、本節のタイトルは「探査機の位置を知る」としてありますが、実はこれは不完全な表現です。というのは、位置を知るだけでは探査機の軌道は決まらず、速度も知る必要があるからです。

一般に３次元の空間で位置を決めるには、３つの数値が必要です。１次元の空間――例えば、曲線上での位置――を決めるには、ある点からの距離を１つだけ指定すればすみます。線路の上を走る電車の現在位置は、ある駅からの距離だけで示すことができますね。つまり、線路の上という１次元の空間では、電車の位置は１つの数字で位置を表現することができるわけです。

一方、２次元の空間――例えば、平面上で位置を決めるには２つの値が必要です。将棋の駒や囲碁の石の盤上の場所を指定するには２つの数値が必要なことを思い出していただければ、２次元空間での位置の指定の仕方が分かるでしょう。また、地球の表面という球面上の２次元空間上で位置を示すには、緯度と経度の２つを指定する必要がありますね。さらに、3次元の空間——例えば、ジャングルジムで場所を指定するには、高さを含め3つの数値が必要です。数学者の言葉を借りるなら、一般にn次元の空間で位置を表現するにはn個の数値が必要です。

というわけで、3次元の宇宙空間で探査機の位置を指定するには、3つの値——業界用語では3変数——が必要です。しかし、探査機の軌道を表すには、位置を指定するだけでなく、どの方向にどんな速さで動いているかも指定しなければなりません。そのためにさらに3つの変数を追加します。つまり、探査機の軌道を表すには、位置と速度に関してそれぞれ3つの変数、両方合わせて6つの変数が必要になります。逆に、この6つの数値が決まれば探査機の以後の運動は計算できます……と言いたいところですが、現実はもう少し複雑です。探査機にはさまざまな力が働くので、その影響を考える必要があるからです。

ひとまず話を思い切って単純化して、惑星空間を運動する探査機に太陽の引力だけが働くとして、その他の力は無視することができるほど小さいとしましょう。すると、例えば火星に向かう探査機は太陽を焦点とする楕円の軌道をとるので、探査機の任意の時点での位置と速度が計算できます。この軌道を決定するには、3次元空間での位置と速度、合わせて6つの未知数を求めればよいことになります。

先にお話しした探査機の軌道決定問題は、このように単純化した仮定のもとでは、6つの未知数を求める問題に還元されることが分かりました。そして、数学の教える所によれば、6つの未知数を求めるには、この未知数を含む6つの式があればよい――つまり、測定を6回すればよい――ということになります。何を6回測定するかによってさまざまな軌道決定の手法が用いられていますが、惑星探査機で典型的な測定は、探査機までの距離および距離の変化率です。例えば、探査機までの距離と距離の変化率――探査機の地球からの視線方向の速度――を、時間をおいて3回測定すると、距離に関して3つ、距離変化率に関して3つ、合わせて6つの測定値が得られて目的を達成できます。また、別の組み合わせ例では、距離の変化率だけを時間をおいて6回測定しても同様です。

では、距離や距離の変化率はどうやって計測するのでしょうか。次のページの**図7―6**をご覧ください。この図のように、地球上にある追跡局から探査機に向けて電波を発射し、受信した探査機がそれを地上の追跡局に送り返します。電波の速度は分かっているので、地上で電波の往復時間を計測すれば、探査機までの距離が計算できるわけです。距離の変化率は送信した電波と、返ってきた電波の周波数の違いを計測することにより知ることができます。遠ざかっていく探査機から折り返されてくる電波は周波数が低い方にずれるという、いわゆるドップラー効果を利用します。

ドップラー効果の原理を説明するのによく用いられる例は、救急車の音の高さの変化です。救急車が近づいてくるときの音の周波数――音の高さ――は、遠ざかっていくときよりも高くなります。そして、遠ざかるときには救急車の速度が速いほど、周波数は低くなります。同様に、遠ざかる探査機の速度が速いほど、

図7－6 探査機までの距離と距離変化率の計測

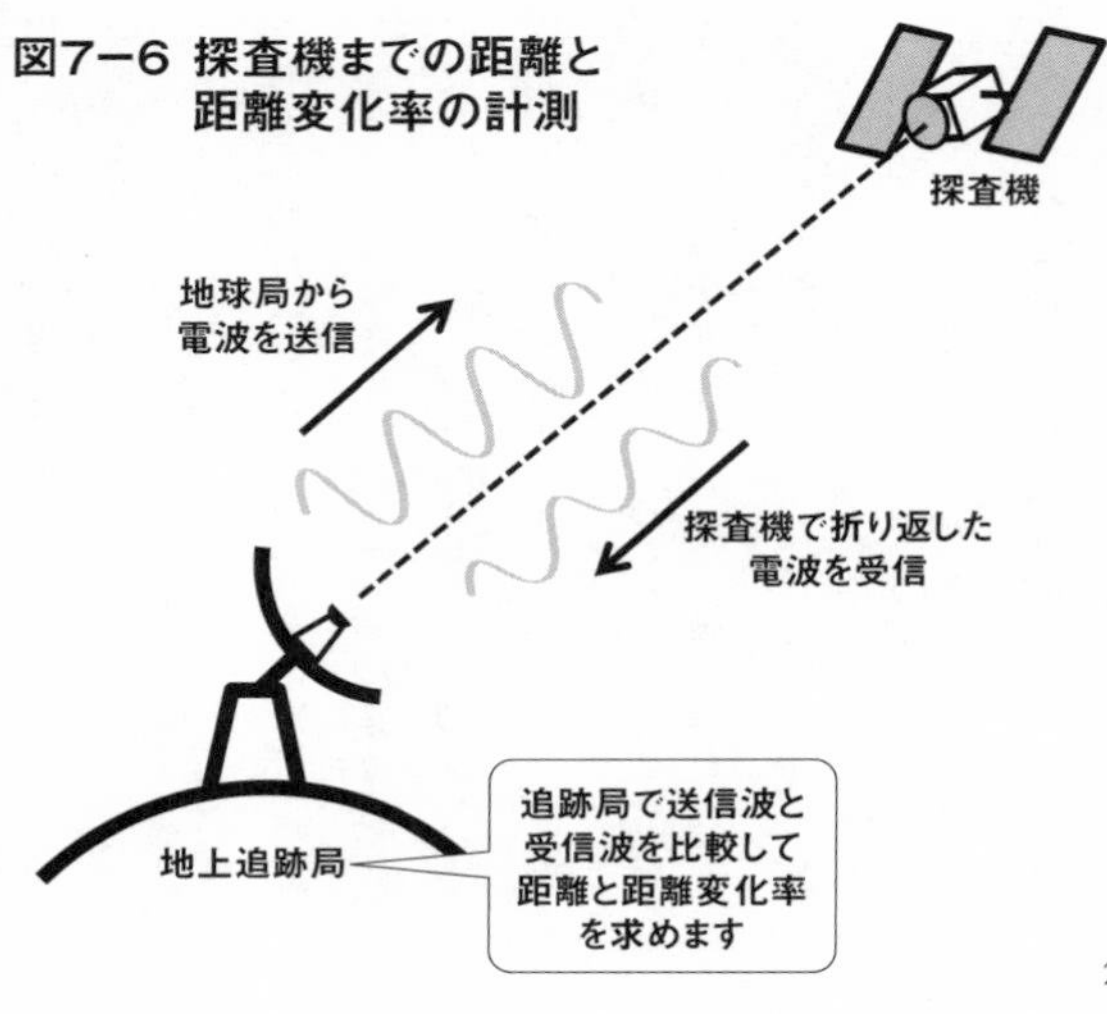

探査機から返ってくる電波の周波数が低い方にずれるので、探査機の視線方向の速度を計算することができるのです。

さて、ここでは原理の説明のために単純化して、惑星探査機の軌道を決める６つの変数を求めるために６回の測定をするというお話をしました。しかし、実際には測定値にはさまざまな誤差が混入して、たった６回の測定では高い精度で軌道を決めることはできません。測定誤差の影響をできるだけ減らすためには、測定は６回よりもずっと多く——何十回、何百回も——行い、それを統計的に処理して最も確からしい軌道を決めるという作業が必要です。測定に要する時間は、数日から数週間にも及びます。

さらに、先の軌道決定の説明では、探査機に働く力が太陽の引力だけであると仮定しました。実際には、高精度の軌道決定のためには、太陽光線の圧力や他の天体の引力なども無視できません。ときには、探査機からわずかに漏れるガスの力も計算に入れることもあります。これらの力は太陽の引力に比べればずっと小さいのですが、精度の高い軌道決定をするためには考慮する必要が出てくるのです。データの統計処理に際しては、多くの場合、これらの微小な力も未知数として推定対象になります。

探査機の軌道を高精度に決めるためには、この他にも地球上の追跡局の位置の誤差や電波を探査機で折り返すときの遅れの誤差、電波が地球大気や電離層の中を通るときの遅れの変動なども問題になり、軌道を決める6変数に加えて、多くの未知数も決める必要があるのが普通です。

探査機の軌道を高い精度で決めるコンピュータープログラムには、これらのノウハウの蓄積が不可欠で、惑星探査には、軌道決定の分野だけでも長年の経験と高度の運用技術が要求されます。

また、ここでご紹介したように地上追跡局で距離や距離変化率を測定する以外にも、軌道決定の精度を高めるために、さまざまな手段が併用されます。例えば、探査機に搭載したカメラで対象となる天体をとらえてそのデータを軌道決定に併用するのもその一つで、光学航法と呼ばれます。

さらに、先に地上追跡局を一つと仮定しましたが、地上の遠く離れた複数の追跡局で同じ探査機を同時に追跡して、幾何学的な理屈で直接探査機の方向を知るＶＬＢＩと呼ばれる手法も用いられます。これはVery Long Baseline Interferometryの頭文字で、日本語では「超長基線電波干渉法」というナニやらいかめしい名前で呼ばれています。そして、精度を上げるために、地球から見たときに探査機と近い方向に見える電波天体と探査機を交互に観測する、相対ＶＬＢＩという手法が実用化されています。

本章では火星探査機を例にとって、その軌道を知る方法を調べてきました。火星に限らず、水星、金星、木星、そして近年大きな注目を集めた小惑星など地球から遠く離れた天体を探査するのは、一筋縄ではいきません。多くの最先端技術と長い経験を通して獲得したノウハウを結集します。それでもなお残る未知のリスクを探査の過程で克服してゆく。そこには挑戦者としてのすさまじい研究者魂が必要だと思います。研究者の多くは寡黙ですが、実のところは心の中に熱い情熱をたぎらせているのですね。

小惑星探査機「はやぶさ」や「はやぶさ２」帰還のニュースに多くの方が感動して、なかには涙ぐんでくださる方もいました。惑星探査技術という巨大氷山の水面下の見えない所に、本章でごく一部分をご紹介したような技術が隠れています。寡黙な研究者たちが日々、悪戦苦闘する技術の一端でも理解していただければ、研究者たちにとってこの上ない喜びとなるでしょう。

第８章

極微の世界と極大の世界

宇宙の果てと極微の世界

前章では、地球を回る科学衛星や惑星空間を旅する探査機の技術について見てきました。一方、観測技術、実験技術の目覚ましい進歩や理論的な研究の進展で、今や宇宙の果てや、その外にあるかもしれない別の宇宙などが、議論できるようになってきています。また、時間的には１３８億年も昔の宇宙の始まりに迫るような理論や観測が進んでいます。従来は神の領域とされていた宇宙創生の領域にも、科学が侵入し始めました。本章と次の章では、話題を宇宙全体に広げて、宇宙そのものの成り立ちとその起源や進化の議論——いわゆる宇宙論——を覗いてみます。そして、科学と宗教の関係に焦点を当てて考えてみたいと思います。

私たちが原理的に観測できる宇宙は、実に半径４７０億光年の広がりがあります。宇宙の年齢は１３８億年ですが、宇宙誕生直後に出た光が１３８億光年かけて地球に届く頃（つまり現在）には、宇宙はさらに膨張していてこのような大きさになっています。直径をメートルで表すと10^{27}メートル、つまり1の後に0が27個もつくような大きさです。

この広大な宇宙を理解するために、極微の世界の研究が重要な意味を持つのをご存知でしょうか。第1章でお話ししたように、素粒子の分野で現在、活発に理論的な研究が進められている超弦理論では、10^{-35}メートルの世界を扱っています。これは、原子の中で最も小さい水素原子の直径を1兆分の1に刻んで、それをもう一度1兆分の1に刻み、さらにそれを10分の1に刻んだ大きさに相当します。

人間の目で、どこまで小さなものを判別できるでしょうか。その限界は分解能と呼ばれ、肉眼では0.1ミリメートルほどです。普通の光学顕微鏡では1万分の2ミリメートル程度、電子顕微鏡でも1000万分の1ミリメートルが分解能の限界です。一方、超弦理論の世界で扱う大きさは、1メートルを100,000,000,000,000,000,000,000,000,000,000,000で割った値のスケールを対象にしています。

直径940億光年――10^{27}メートル――の広がりを持つ極大の世界を興味の対象とする宇宙論と、10^{-35}メートルの極微の世界を扱う素粒子論なんてまったく縁がないように思えるのですが、実際は極めて密接に関係しているというのですから面白いですね。両者の扱う領域は62桁もスケールが異なります。極微の世界と極大の世界はどのように関係するのでしょうか。

例えば、ブラックホールを考えてみましょう。第5章でも調べてみたように、重力が極めて大きく、飲み込んだ周囲の物質や光さえも外に出さない天体のことですね。第5章の復習になりますが、ブラックホールの周囲には仮想的な壁があり、その中に落ちた物質や光は二度と外に出られないという限界を表します。この見えない壁の半径はブラックホールの大きさを表します。

そして、ブラックホールの中心には特異点という特殊な点があります。この点は、大きさはゼロで密度は無限大、その近くでは時空の曲がりが激しくて従来の物理法則が使いものになりません。物理学では無限の概念は扱いが困難で、回避に難儀します。しかし、素粒子論の中でも先にお話しした超弦理論は、このような状態を無理なく記述できる可能性があります。つまり、今までの物理学ではお手上げだったブラックホールの中の特異点付近——時空の歪みが激しくて、アインシュタインの一般相対性理論では扱えない領域——の様子は、最先端の素粒子論である超弦理論を用いて初めて理解できるようになると期待されます。宇宙論が素粒子論と深い関係にあることを示す一例ですね。

極微の世界を扱う素粒子論が宇宙論で大活躍するもう一つの例は、宇宙が誕生した直後、まだ宇宙が極めて小さかった頃の研究です。ビッグバンが始まる直前の様子、そもそもどうやってビッグバンが始まったのかなどが、素粒子論により科学のまな板の上に載るようになってきたと言うことができるでしょう。このいきさつについては、次の節で少し覗いてみたいと思います。

ところで、私たちは極端に小さかったり大きかったりすることを極微とか極大とか言いますが、これらはあくまでも人間の大きさを基準にした表現です。例えば、10^{-30}メートルの大きさの仮想的な極小の生物Sが、高度の知能を持っているとしましょう。生物Sの日常的な世界は、超弦理論の扱うスケールの世界ですから、彼らの常識はニュートン力学ではなく素粒子論が基礎になっています。

生物Sから見ると、極大なスケールの世界に住んでいる我々人類が慣れ親しんでいるニュートン力学は、理解困難な不思議な理論に見えるでしょう。例えば、ものを押すと押した方向に動き出す、なんていうのは生物Sには想像を絶する世界で、思い描くことすらできない……ということかもしれません。それどころか、生物Sは10次元の世界に何の違和感もなく快適に暮らしていて、たった４次元の世界に閉じ込められたまま一生を終える超巨大な我々人類の人生なんて哀れで、考えるだけで息苦しくなる……などと思うのかもしれません。

短い時間とは？

宇宙論は宇宙の成り立ちや起源と進化を調べる学問ですから、数十億光年というような大きなスケールのみを研究対象にしているように思えます。しかし、ブラックホールの中心にある大きさゼロの特異点の近くや、生まれた直後の宇宙はずいぶん小さいので、極微の世界を扱う素粒子論が必要であるというお話を前節でしました。そして、そもそも宇宙が小さいというのは、人間のスケールから判断した表現であるという見方をご紹介しました。

ところで、過去に宇宙誕生の直後、宇宙全体がごく小さくて、素粒子論――中でも超弦理論――で扱う必要があるような小さな広がりしかなかった「時代」は、実は大変短かったのです。時代という言葉に「 」を付けた理由は、時代と呼ぶのも不自然なほどごくごく短かったからです。

宇宙誕生の10^{-36}秒後に始まり10^{-35}～10^{-34}秒後には終わるという、想像を絶する短い期間に、宇宙には猛烈な膨張が起こりました。そして、その後の宇宙はビッグバンによる比較的緩やかな膨張に移行する、というのが現在の宇宙論で有力視されている宇宙インフレーションのシナリオです。インフレーションという名前は、宇宙が急激に膨張する様子を経済の用語を借用して表現したニックネームで、名付け親は米国の物理学者、アラン・グース博士です。実際は日本の物理学者、佐藤勝彦博士がわずかに先行してこの理論を提唱した【8-1】のですが、命名の巧みさもあって今や宇宙インフレーション理論といえばグース博士を思い浮かべる人が多くなってしまいました。正確にはサトウ・グース理論とでも呼ぶべきでしょう。

さて、その宇宙インフレーションが継続した10^{-34}秒ほどの時間は、1秒を1万分の1に分割し、それを再度1万分の1にして……と8回繰り返した上で、さらにそれを100分の1にした長さです。ほとんど人間には想像できないほどの短時間で、ストップウォッチはもちろんのこと、いかなる計測器をもってしても測ることは到底不可能な短さです。

現代の最先端技術ではどの程度の短い時間が測れるか、少し調べてみましょう。オリンピックの100メートル競走では、100分の1秒が争われます。1秒を100で割った時間幅なんてずいぶん短いような気がしますね。しかし、この短い間に光の

【8-1】佐藤勝彦：『インフレーション宇宙論』講談社、2010年

進む距離は、東京と札幌の間を2往復です。

一方、研究段階では、東京大学の香取秀俊教授が、光格子時計という技術を用いて10^{-18}秒の桁の計測に成功しています。この時間幅は光の進む距離で表現するとどのようになるでしょうか。何と1000万分の3ミリメートルです。

ところが、先ほどご紹介した宇宙インフレーションの継続した時間、10^{-34}秒は、この光格子時計で測れる限界の超短時間を1億で割り、その結果をさらにもう一度1億で割った長さです。こうなるともう想像する元気も出ないような短い時間幅ですね。光格子時計をもってしても手も足も出ないような短い時間幅です。

ところで、私たちが10^{-34}秒という長さがメチャクチャに短いと思うのはなぜか考えてみましょう。

時間は何らかの周期的な現象を基準として、その何倍というとらえ方をします。それは、計測器による精密な測定の話だけではなく、人間の時間感覚でも同様です。クォーツの腕時計では、水晶の振動周期を基準にしていますが、人間の場合は、心臓の鼓動や呼吸の周期、あるいは毎日の睡眠の長さなども基準になるでしょう。待ち合わせでずいぶん待たされたと感じるのは、心臓の鼓動や呼吸の数が基準かもしれません。寒くて長い冬が早く終わって春が来ないかなと待ち望むのは、夜寝る回数が無意識にカウントされているのでしょうね。

これらの時間とはまったく異なるスケールの長さの基準――例えば、宇宙インフレーションが継続した10^{-34}秒の基準――を持った、仮想的な生物Tがいるとしましょう。生物Tが高度の知能を持っていると仮定すると、彼らからみれば、10^{-34}秒は決して短くは感じられません。ちょうど巨大という表現が相対的な表現であるのと同じように、超短時間も相対的な表現なのです。それを理解するために、ちょっと脱線して、仮想的生物Tによる思考実験の世界を覗いてみましょう。

＊＊＊＊＊＊＊＊＊

知的生物Tの基準時間（10^{-34}秒）が、Tにとっては、人類の1秒に感じられるとします。そのとき、彼らの平均寿命が人類にとっての1秒間であると仮定します。ずいぶん短命でかわいそうだと思いませんか。しかし、よく考えてみると、私たちの時間感覚に換算すると、生物Tの寿命は1秒の10^{34}倍ですから、T自身は、自らの寿命を素晴らしく長いと感じます。具体的には人類に換算すると3×10^{26}年、つまり3兆年の1兆倍のさらに100倍の寿命です。平均寿命1秒の生物T自身の実感では、ほとんど永遠に生きるように思えるということですね。

生物Tの脳の仕組みは人類とまったく異なるものの、知能のレベルはほぼ人類と変わりません。Tが次世代の子どもを育てて一人前に教育するのに要する時間は、人類の時計で測ると6×10^{-26}秒程度です。この短い時間で教育が完了するので、文明の進歩は（人類からみると）驚くほど迅速です。ホモサピエンスが20万年かかって達成した、現代レベルの科学技術――コンピューター、人工知能、スマホ、遺伝子組み換えなどなどで象徴されるレベル――に、6×10^{-22}秒で到達してしまいます。そこから先の進歩も恐るべき速さで、今の人類には想像すらできません。彼らが人工知能の技術を洗練させれば、その進歩の速度はさらに何桁も向上することでしょう。

ただし生物Tの文明が順調に継続するか否かは、まったく予断を許しません。次のようなリスクがあり、たちまち滅亡してしまうかもしれないからです。

リスク1：必要な資源をすぐに使い尽くしてしまい、文明の維持ができなくなる。

リスク2：技術の発展が生物Tの生活環境を破滅的に劣化させ、種としての存続ができなくなる。今の人類が直面している地球温暖化のようなものですが、生物Ｔにとっての環境問題は我々人類の環境問題とは似ても似つかないでしょう。

リスク３：生物Ｔの中に悪意を持った独裁グループが出現し、富を独占した上で文明の発展を歪めるため、文明が後退し滅亡に至る。

リスク４：生物Ｔが高度の武器を持って内戦——つまり生物Ｔの中での争い——を行い、種そのものが絶滅する。

「たちまち滅亡してしまうかもしれない」と言うときの「たちまち」とは、人類では１０００年相当、実際の時間では3×10^{-24}秒ほど、つまり３秒を１兆で割り、さらに１兆で割った時間です。我々人類が生物Ｔの存在を認識できないほどの短時間で滅亡してしまうということであれば、それほど心配しなくてもよいのかもしれません。なお、先の四つのリスクは、時間のスケールは違いますが、内容的にはそのまま現在の人類にも存在することは、お気づきの通りです。

ＳＦのような思考実験（または思考実験のようなＳＦかもしれません）はこれくらいにして、もう少し時間について考えてみることにしましょう。

時間の不思議

そもそも、時間というのはよく考えてみると不思議な性質を持っています。少し立ち入って見てみましょう。私たちの生きている世界は、長らく3次元空間であると考えられてきました。身近な言葉で表現するなら、前後・左右・上下の3次元ですね。別の表現をすれば、東西・南北と上下の3次元です。ところが、アインシュタインが、この三つに時間を加えて4次元空間とすべきであることを示しました。時空という言葉で表されるように、時間と空間は密接に関係していて、両者を合わせて考えることで初めてこの世界が理解できることが分かったのです。それが、今やよく知られた特殊相対性理論ですね。時間と空間は分かちがたい関係にあり、いわば同じ家族の仲間だと言ってもよいでしょう。

しかし、不思議なことに時間は空間と性質が大きく異なります。時間は私たちの意志とは無関係に一方向に流れ、過去にさかのぼることはありません。空間が、右にも左にも自由に行ったり来たりできるのとずいぶん異なります。光陰矢の如しというのは、時間の経過が速いことを意味しますが、時間の進む方向はちょうど矢と同じように一方向に限定されていて、元に戻ることはありません。同じ矢のたとえでも、物理学者が使う「時間の矢」という言葉は、時間の速さではなく一方向に進むことをたとえたものです。

時間とは何かという課題に関しては、昔から哲学および科学両方の観点から多くの考察がなされ、膨大な文献が残されています。しかし、現代でも依然として謎の部分が多く残っていて、興味深い難問でありいろいろな説が主張されています。

その中で、米国マサチューセッツ工科大学の物理学者マックス・テグマークの主張する大変面白い説を覗いてみましょう。テグマークは宇宙論の研究者ですが、多くの論文を発表するだけでなく、研究の成果を一般大衆向けに分かりやすく説明することをいとわないので、ご存知の方も多いと思います。彼は時間に関して興味深い説を主張しています。時間そのものは幻想ではないが、時間の流れは幻想だというのです。以下は彼の主張です【8-2】。

そもそも宇宙を構成するすべてのものは、数学で記述できる――それだけに留まらず、何と宇宙は数学の構造そのものだ――というのです。テグマーク自身がそれはラ

【8-2】 Max Tegmark : Our Mathematical Universe, Penguin Books, 2015

ジカルな考え方だと認めていますが、数学的に矛盾なく記述できる宇宙はすべて実在している、けれども宇宙の中には構成が単純過ぎて、人間のような知的生物が存在できないものも数多くある。我々の住んでいる宇宙は極めて複雑で、自意識を持った生命体——我々人間——が生まれる条件が揃っていた途方もなく稀なケースだというわけです。最近注目されている超弦理論によれば、数学的な可能性として存在する宇宙の種類は、10^{500}もあるということです。

1の後にゼロが500個も続く、気の遠くなるような多くの種類です。10^{500}なんていう数は、非日常的で想像することもできませんね。例えば、東京ドームで野球を観戦する人の数は、満席であれば4万6000人ほどです。約5万人として、この程度の人数であれば、頭の中で画像として想像することはできそうです。しかし、5万人は、5の後に並ぶゼロの数はわずか4個です。それでは、東京ドームを埋め尽くす観客の細胞の数を計算してみましょう。一人の人間が持つ細胞の数を37兆個とすると、これも四捨五入して4の後にゼロが13個ですから、東京ドームの観客全員の細胞の数は、(一人あたりの細胞の数:4×10^{13})×(観客の数:5×10^{4})=2×10^{18}個、つまり2の後に続くゼロの数は18個に過ぎません。では、全世界の人の細胞の総数はどのくらいの数になるでしょうか。世界の人口を79億人とすると、その細胞の数は3×10^{23}（3の後にゼロが23個）に過ぎません。存在する全宇宙の種類（1の後のゼロの数500個）が、途方もなく大きいということがお分かりいただけると思います。

先にご紹介したテグマークの説によれば、数学的に定式化できる10^{500}個の宇宙は、すべて実在していることになります。そして、私たちの住んでいる4次元の世界の現象は、時間により変化するのではなく、4次元の時空に固定した現象として数学的に記述できるというのです。森羅万象、あらゆる現象は変化していない。つまり、時間の流れのように見える変化は、実は4次元空間――空間3次元プラス時間1次元――の中の静止した事象であるというわけですね。変化しているように見えるのは人間の脳のある種の幻想であり、あらゆる現象は実際には、あたかも無数の静止したスパゲティーが絡んだ現代アートの造形のようなものだ、というのです。テグマークは、時間の流れを空間に固定したスパゲティー状のうねうねとした長い形状にたとえています。一人の人間の一生は、実はその人を構成する10^{29}個の素粒子の織り成すスパゲティー状のパターンにたとえられる――気の遠くなるような複雑さで絡み合うスパゲティー――というわけですね。

時間に関するこのような考え方は研究者の間にも多くの議論があり、異論もありますが、少なくとも一概に否定はできない興味深い説だと思います。

エントロピーの正体

時間の不思議さを考えるとき、エントロピーという概念が重要な役割を果たします。そして、宇宙はどうやって誕生したかという疑問から、宇宙はどのように変化して遠い未来の宇宙の運命はどうなるのかという問題まで、宇宙論の根源的な議論にエントロピーがしばしば登場します。エネルギーという言葉は日常生活でも頻繁に使われますが、エントロピーは馴染みがないという読者が多いと思います。そこでまず、この言葉の意味から考えてみましょう。

エントロピーとは物事がどれくらい整理されているか、あるいは乱雑な状態になっているかを示す指標とみることができます。例えば、お店で商品が棚にきちんと並んでいれば、エントロピーは小さな値となり、大地震で商品が床に散乱すると大きくなります。別の例では、卵が割れる前の状態と床に落として割ってしまった状態を比べると、割れた状態の方がエントロピーが大きい。また、コーヒーとミルクが別の容器に収めてあるときと、コーヒーにミルクを混ぜてしまった後とでは、混ぜた方がエントロピーは大きくなります。

こんな説明では、エントロピーは文学的な表現の一種のように聞こえますが、実は数学的に定義可能で定式化された議論がされています。

ここでは、式の登場は避けて、もう少し例を見てみましょう。**図８―１**をご覧ください。箱に白い球と黒い球をそれぞれ８個ずつ、計16個入れてあります。深い箱の底に球が並んでいて、箱の上は空っぽで蓋もないとします。この箱を手で持ち上げてよく振った後に、白い球と黒い球がどのような配置になるかを調べます。

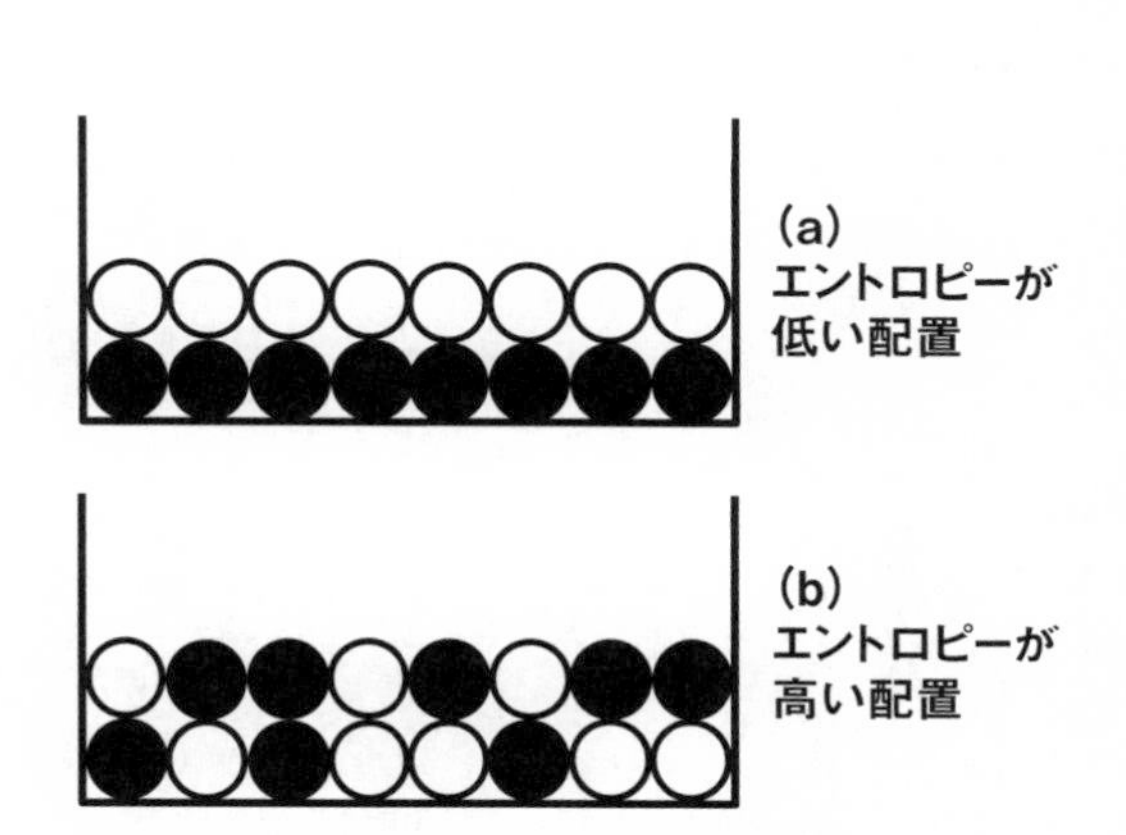

図8−1 配置によるエントロピーの違い

この図の(a)のようにちょうど下半分が黒、上半分が白になるのは、かなり稀でしょう。図の(b)のように乱雑に配置されるのが普通です。もっとも、ちょうど(b)のようなパターンになるのは、極めて稀ですが、今ここでは、乱雑に白球と黒球が散らばった場合を(b)で代表させたと考えてください。図の(a)では二色の球が整理されて並んでいるように見えます。このような状態はエントロピーが小さく、(b)のように不規則で乱雑に並んでいるのはエントロピーが大きい状態です。

そして、宇宙の森羅万象に関するあらゆる現象は、エントロピーが増加する方向に変化するという原則があります。この原則には、熱力学の第二法則というしいかめしい名称がつけられています。もう少し厳密に言うなら、エントロピーが増大するのは、不可逆的な現象の場合です。

例えば、割れた卵を元に戻すことはできませんし、ミルクが混ざったコーヒーを元の通りそれぞれ別々の容器に分けることもできません。エントロピーが小さな状態から大きな状態に変化するというのは、このような現象です。一方、仮想的なブランコが摩擦も空気抵抗もない状態で、永遠に振れ続けるような場合は、不可逆的な運動ではないのでエントロピーは変化しません。

　ところで、次のような例では一見エントロピーが減少します。地震で棚の商品が床に散乱した（エントロピーが高い）状態を考えます。地震がおさまってお店の人が商品を片付け、元通りに棚に並べ直したとしましょう。つまり、エントロピーが小さな状態に戻すわけですね。この場合、エントロピーが大きな状態から小さな状態に変化したように見えます。しかし、待ってください。商品の片付けをするに際して、人間の活動はエネルギーを消費し、エントロピーは増加します。人間の消費するエネルギーは食物を通して供給されるので、不可逆的だからです。そして、商品と人間を含めた大きな世界で見れば、片付けをすることによりエントロピーは増加しているのです。つまり、床に散乱した商品だけでエントロピーを考えてはならない、もう少し大きな世界——人間も含めた世界——で考える必要があるということですね。

　エントロピーはいろいろな見方で説明できるのですが、19世紀に活躍したボルツマンという物理学者が、「ある状態を実現する微視的な状態の種類が多いほど、エントロピーが大きい」という見方をもとにエントロピーを数式で表現しました。「微視的な状態の種類」という表現はちょっと分かりにくいので、簡単な例を挙げてみましょう。

図8―2をご覧ください。箱の中の空気の分子を○で表現した図です。実際には空気という名前の分子はなく、窒素、酸素、アルゴンなどの分子の集まりが空気ですが、ここではそれは区別せずに一括して空気の分子と呼ぶことにします。

この図の(a)では、箱の真ん中に仕切りがあり、右半分には空気の分子がありません。つまり、右半分は真空の状態です。各分子はそれぞれ異なる速度の直線運動をしていて、互いにぶつかったり壁に衝突して跳ね返ったりするたびに運動の方向や速さが変わります。ある瞬間に真ん中の仕切りを取り除いたのが図(b)です。図(b)の状態が実現するのは一瞬です。空気の分子は高速で動いているので、すぐに図(c)のように右半分にも空気が入っていき、箱全体に一様に空気が広がっていくわけですね。

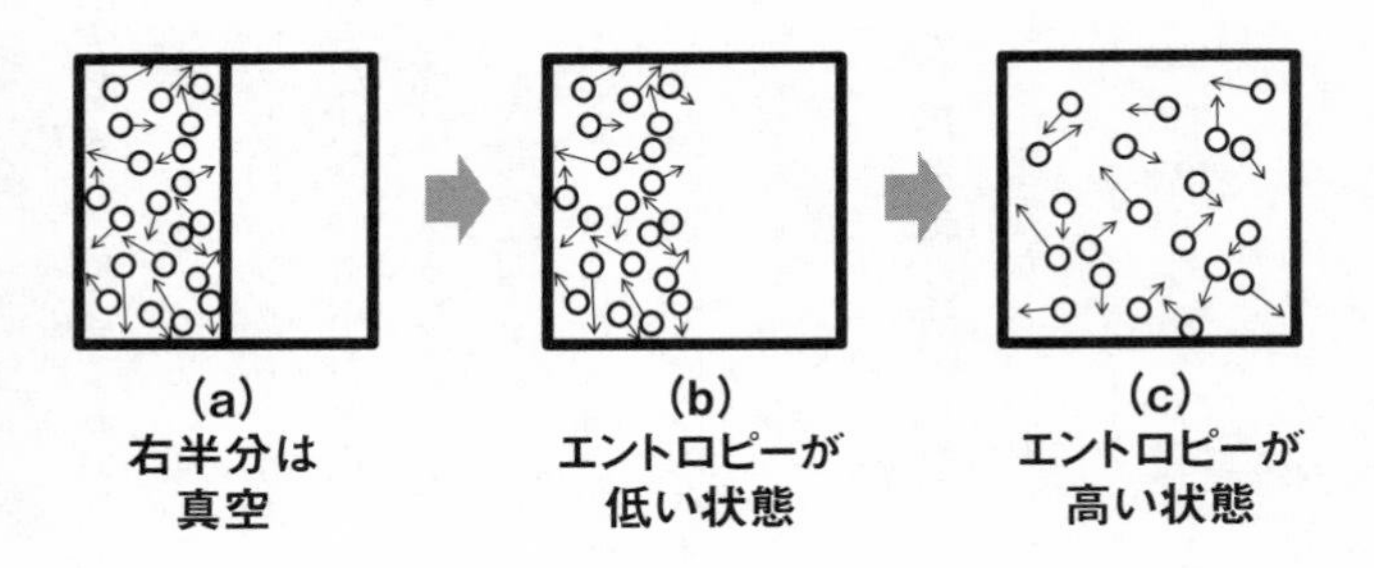

図8―2 空気分子の配置によるエントロピーの違い

空気の各分子がどの位置にあってどのような速さでどちらの方向に動いているかを微視的な状態と呼ぶことにします。**図8―2**では、空気の分子をわずか20個の巨大なボールで表現していますが、実際には角砂糖ほどの体積の空気には3×10^{19}個（3兆個の千万倍）もの空気の分子が含まれているので、とても微視的な状態を絵にすることはできません。

一方、図(b)のように、空気が左半分にのみ存在しているとか、(c)のように、「全体に一様に分布している」というように箱全体を見渡した状態の大くくりの表現を巨視的な状態と呼ぶことにします。巨視的な状態に注目するときには空気の個々の分子は意識せず、空気全体の状態を考えるということですね。日常的には私たちは空気の分子を一つずつ意識することなんてありえませんから、微視的状態というのは、物理学者の特殊な見方だと言ってよいでしょう。

ここで物理学者ボルツマンのエントロピーの見方に話を戻しましょう。この図の(b)のように、巨視的に見て空気の分子が一部分に偏っている状態よりも、(c)のように箱全体に拡散した状態の方が、その状態を実現する微視的な状態の種類が多いということは直観的に理解できると思います。棚に商品を整頓するやり方は限定されますが、地震で乱雑に散らばるやり方は数多くあるということと同じですね。

宇宙のあらゆる現象は、整理された状態から乱雑、つまり混沌に向かって進んでいくのですが、それは乱雑な方が実現する微視的な状態の種類が多いからであると言えます。

とはいえ、エントロピーが増加するというのは統計的な現象ですから、減少することもごく稀にはあります。**図8—2**の例では、(c)のように箱全体に広がっていた空気の分子が、たまたま左半分に移動して(b)のように偏ってしまうこともあり得ます。そんなことが起こってしばらく続いたら、右半分にいた人は真空に放り出されるわけですから生きてはいられないでしょう。

もっともそれが起こるのは本当にめったにないので、地球の年齢の46億年程度ではとても起こりえない現象ですから、ご安心ください。エントロピーという用語のお話はこれくらいにして、時間とエントロピーの関係について少し立ち入ってみましょう。

時間とエントロピー

カリフォルニア工科大学の教授のショーン・キャロルという理論物理学者が、著書"From Eternity to Here"で、時間に関する素晴らしく興味深い物理的な考察をしています【8-3】。このタイトルは、ベストセラー小説で後に映画化された"From Here to Eternity"（ジェームズ・ジョーンズ著）——地上より永遠に——のHereとEternityを逆にしたものです。せっかくのおしゃれなタイトルですから、この本のタイトルには、（直訳すると『永遠からここまで』とでもなるでしょうが）気の利いた訳がほしいところです。残念ながら筆者には思い浮かびません。せいぜい『永遠より現世に』くらいです。

タイトルはともかくとして、５００ページに近い大部のこの本の内容を（キャロル先生に叱られるかもしれませんが）極めて乱暴に、たった1行に要約すると、「初期の宇宙のエントロピーが小さかったのは不思議だ」ということになります。そして、時間が一方向にのみ流れるのはエントロピーの増加によって説明される、という極端な

【8-3】 Sean Carroll : From Eternity to Here - The Quest for the Ultimate Theory of Time, Oneworld Publications, 2015

説も紹介しています。

宇宙誕生の不思議については後の章であらためて考えることにして、ショーン・キャロルの主張する、エントロピーの観点からの宇宙論を覗いてみましょう。

ビッグバンと呼ばれる超高温、超高密度の点の爆発のような現象によって、私たちの見える範囲の宇宙は始まりました。１３８億年も前のことです。実際には、先にご紹介したようにビッグバンは宇宙の始まりではなく、それに10^{-34}秒ほど先立ってインフレーションと呼ばれるとてつもなく激しい急速膨張の期間が終わっている、という説が有力です。さらに宇宙の創生は、インフレーションに先立つこと10^{-36}秒です。

ビッグバン直後の超高温状態では、原子は電荷を持った原子核と、原子核に束縛されずに動き回る自由電子に分かれていました。プラスの電荷を持つ原子と、マイナスの電荷を持つ自由電子が、宇宙に充満していたわけですね。第5章にも出てきたように、このように電荷を持つ粒子からなるガスをプラズマと呼びます。ビッグバン初期の極めて濃いプラズマの中では、光は自由電子と衝突してしまって進むことができず、宇宙全体がいわば濃い霧の中のような状況でした。膨張する宇宙は次第に冷めてゆき、ビッグバン開始から38万年ほど経って、３０００℃程度にまで冷えると霧が晴れて、宇宙の中を光が進むことができるようになりました。とはいっても、現在の宇宙とは様相がまったく異なって、当時の宇宙は濃い水素原子とヘリウム原子のスープのような状態ですね。整理すると、宇宙誕生から現在までのシナリオは次のように考えるのが有力な説の一つです。つまり、

0秒：宇宙誕生
↓
10^{-36}秒：インフレーション開始
↓
10^{-34}秒：ビッグバン開始
↓
38万年：霧の晴れ上がり
↓
１３８億年：現在

という順の進行です。とはいうものの宇宙誕生からビッグバン開始までの10^{-34}秒は、日常的な感覚では瞬時、そしてビッグバン開始から現在までは１３８億年です。

この過程で１３８億年の間、常に宇宙全体のエントロピーは増加してきた、というのが熱力学第二法則の教えるところです。今後もエントロピーは増加し続け、（気の遠くなるほどの）遠い将来には宇宙はエントロピーが最大になります。そして、星も銀河も光も、もちろん生物も存在しない、変化の止まったほとんど空っぽの宇宙になると予想されます。

キャロルの投げかける疑問は、なぜ宇宙誕生の直後はエントロピーが小さかったか、

です。キャロルの前述の５００ページの本では、繰り返し繰り返し、宇宙誕生の直後のエントロピーの謎に言及しているのですが、最後まで読み終えても結局その答えはありません。今の科学では解くことのできない難問なのです。

ビッグバンの開始直後は、宇宙全体が小さな火の玉にたとえられるように、超高温、超高密度の粒子の集合体でした。その状態で、エントロピーが小さい――つまり、より規則性を備えた状態であった――というのは、直観的には納得し難いですね。

一方、時間が経って星が生まれ、銀河が１０００億個もできて、多くの星の周りを惑星が回り、さらに地球という惑星上には生物が生まれるような状態が、宇宙誕生直後のプラズマの濃いスープのような混沌とした状態よりも、乱雑な状態――つまり、エントロピーが大きい状態――であるというのも、なかなか納得し難いですね。ビッグバンの後の星の誕生は、ごく大雑把に説明するなら以下のようなプロセスです。

ビッグバンの開始直後の宇宙には、水素やヘリウムなどの分子がばらまかれていました。

これらの分子の分布にはわずかな濃淡――宇宙誕生直後の量子論的な揺らぎにより、必然的に生じた濃淡――がありました。そして、分子が多く集まっているところには、重力がさらに周辺の分子を集める結果となります。つまり、密度の濃い所はますます濃くなってゆき、やがて星ができたり、星が集まって銀河ができたりするわけです。私たちが観測可能な宇宙の範囲には、このようにしてできた銀河が１０００億個ほどあり、それぞれの銀河は数百億から数千億ほどの星からなっています。もっとも私たちが物質とかエネルギーと呼んでいる実体の分かっている存在は、宇宙全体の質量の４％にすぎず、この他に、暗黒物質および暗黒エネルギーと呼ばれる正体不明の存在が宇宙に満ちていることが分かっています。

現在観測される星々やその集団である銀河、さらに銀河団などは、ビッグバン開始直後の混沌たる粒子のスープに比べると、規則性に富んでいるように見えます。極めつけは地球上の生命、中でもとんでもなく複雑な脳を有する私たち人間です。生物だけに注目すると、エントロピーはとてつもなく低そうです。しかし、宇宙全体を見渡すと熱力学の第二法則によれば、宇宙誕生後まもなくの方がエントロピーが低い、――つまり、初期宇宙に分布した粒子のスープの濃淡の方が、現代の星、銀河、地球に生息する生物などの集合体よりも、規則性がある――ということです。このように直観的には納得しづらい不思議な結果を生じるのは、周囲のものを引き寄せる働きをする重力が存在するからです。

キャロルの挙げた例を一つご紹介しましょう。例えば、ビンにお酢とオリーブ油を半々に入れてよく振ると、酢とオリーブ油はある程度混ざって均一になったように見えます。ところが、しばらく放置すると酢とオリーブ油はビンの中で分離して上下に分かれますよね。これは地球の重力のせいです。直観的には上下にきちんと分かれた方が規則性は高く見えます。しかし、エントロピーは、ビンをよく振って均一になった、いわば混沌としているときの方が低い——規則性が高い——ということです。重力のイタズラでしょうが、筆者にもうまくこのからくりは説明できません。はっきりしているのは、規則性と乱雑性の区別は一筋縄ではないということです。

もう一つ、今度は重力ではなく磁力が働く場合の、似たような奇妙さをご紹介します。

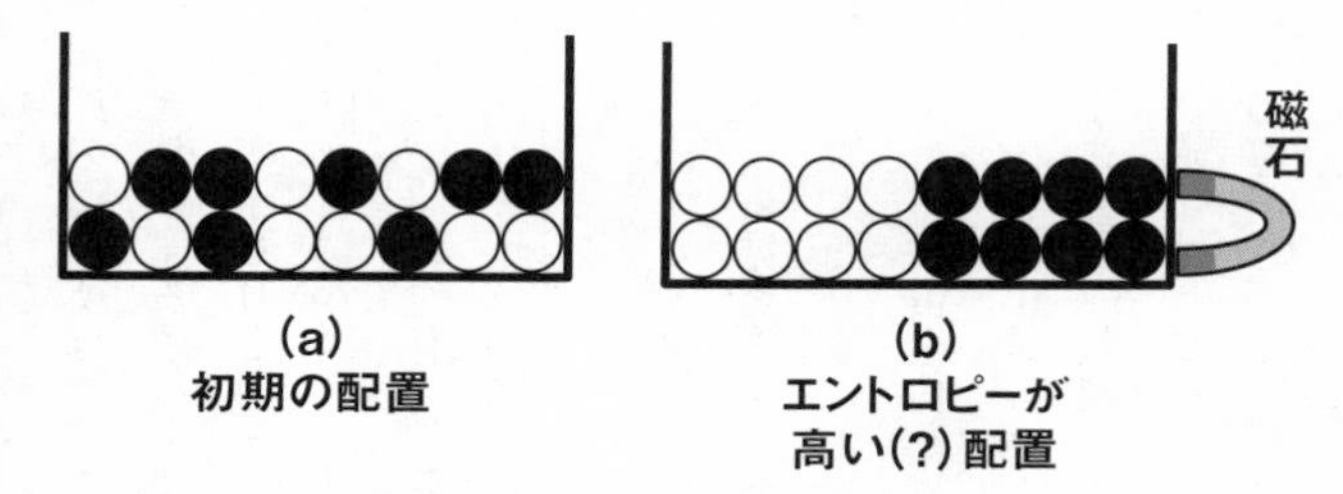

図8−3 配置によるエントロピーの違い

図8―3の●は鉄球、○は瀬戸物の球です。箱を振ったら、(a)のように不規則に球が分布しました。今度は(b)のように右側から箱に磁石を接近させた状態で箱を振ったとします。鉄製の●は、磁石に引かれて右半分に集まってきました。熱力学第二法則ではエントロピーは増加するので、(b)の状態の方が(a)よりもエントロピーが大きいことになります。これも直観に反する奇妙な結果ですね。

このように局所的にはエントロピーのでこぼこがありますが、私たちの宇宙全体でみれば、宇宙誕生の直後にエントロピーが最も小さく、１３８億年後の現在に至るまで一貫してエントロピーは増え続けてきた、というのが熱力学第二法則の示すところです。いつか遠い遠い将来に宇宙の終焉を迎えるとするなら、そのときにエントロピーは最大になるはずです。それは、一様に混ざった素粒子のスープが一切の変化なしに静かに眠っている死の世界です。そして、一部の研究者が主張するように時間の経過がエントロピーの増大そのものであると仮定すると、エントロピーの変化が永久にない宇宙には時間もないということでしょう。

第９章

宇宙と神

科学と宗教

ちっぽけな人間を圧倒するスケールの自然の景観、複雑で精緻な仕組みの生物、夜空を埋め尽くす無数の星……、これらを前にするとき、誰しもその神秘に圧倒され、畏敬の念を持つことでしょう。そして、それらに思いを致すときに創造主である神の存在を感じるのは、時代を超え、そして洋の東西を問わず、人類に共通しているように見えます。それは宗教のよって立つ基盤だと言えるでしょう。

一方、人類には未知のものに対する好奇心、未経験の現象に対する探究心が備わっていて、これはなぜだろう、どういう原理でこうなるのだろう、その先はどうなっているのだろうという問いかけを古来繰り返してきました。そして、一見超自然のように思える現象に対して、納得できる説明を求め続けてきました。あらゆる現象に対して合理的な説明を探究する営みが、科学の本質であると言ってもよいでしょう。

このように宗教的な側面と科学的な側面の両者が、人間のＤＮＡには刷り込まれているように見えます。この二つの側面は対立するものなのか、それともお互いを補完しあう関係にあるのか、西欧においてはさまざまな意見が今でも存在し、論争が続いています。以下では、主として宇宙論の観点から科学と宗教の関係を少し調べてみたいと思います。なお、ここでは宗教というときに、キリスト教に限ることをお許しください。理由は二つあります。歴史的に、科学と宗教の確執が最も鮮明に読み取れるのはキリスト教と科学の関係だからというのが一つ。もう一つは、キリスト教以外の宗教に関して筆者の知識がほとんどないという理由です。

科学と宗教の関係を調べるにあたって、筆者の立場を明らかにしておくことにしましょう。結論を先に言うなら、筆者は科学の側に立っています。もっとはっきり言うならば、神の存在を否定する観点で科学と宗教の関係を紹介することになります。といっても、宗教を貶めたり軽蔑したりする意図はまったくありません。むしろその逆で、筆者自身が宗教――特にキリスト教――への帰依に関して、ずいぶん迷ったり悩んだりした長い経緯があります。今でもその悩みはふっ切れたとは言えません。そして、キリスト教に限らず宗教の深い信仰に裏付けされた多くの信者あるいは信徒の方々の人生観と生き方に、筆者は最大限の敬意――もっと言えば憧れ――を持っていることは間違いありません。

さて、筆者の個人的な立場の披瀝(ひれき)はこのくらいにして、本題に入りたいと思います。歴史を紐解くと、かつては神の意志表示と考えられていた諸事象が科学的に説明可能なことが、次々と示されてきました。神の怒りの表れと信じられてきた雷は、後に空気中の放電現象で説明できることが分かりました。また、疫病は人間に神が与える罰ではなく、細菌によるもの、洪水は気象学的に説明できること、日食は天文学により正確に予測できることなどなど、科学的な説明ができるようになったために宗教が後退した例は、枚挙にいとまはありません。

一方、日本人は概して宗教には大らかで、西洋のような科学と宗教の激しい二項対立はほとんどありません。現在でも、多くの日本人はクリスマスツリーを飾ってキリスト誕生のお祝いをして、その一週間後には神社に初詣をするという習慣を抵抗なく受け入れています。そして、八百万（やおよろず）の神といわれるように、多くのものに神性を見出してきました。日本人のこのような大らかな宗教観は、急速に進歩する科学をほとんど矛盾なく受け入れていて、両者の間に摩擦はみられません。

これに対して、西欧におけるキリスト教と科学の確執は、多くの日本人には理解しがたい激しさです。地球が太陽の周りを回っているという、今では小学校低学年レベルの科学知識を主張したガリレオが、宗教裁判の結果、有罪となったことはよく知られています。また、ダーウィンの進化論は旧約聖書の創世記の記述に矛盾するため、教会の激しい反発を受けました。創世記の記述では、創造主である神が、天地創造の3日目に植物を、5日目に魚と鳥を、そして6日目に獣、家畜およびアダムとイブと呼ぶ人間を創ったとされます。私たちが今日、地球上で目にするような生物がいきなり生まれたということになっていて、創世記を字義通り解釈するなら、生物の進化という概念の入り込む余地はありません。

現在の教会側からは、創世記の記述は当時の科学知識のレベルに合わせたたとえ話であり、ある種の詩であって、科学的な教科書を意図したものではないという説明がなされています。もちろん、本格的な宇宙論や進化論を創世記の中で展開するなどは無理があります。しかし、創世記が書かれた当時であっても、後世に科学がある程度進歩したときに――例えば、科学の知見が現代のレベルに達したときに――人類の常識的な理解と明確に矛盾する記述が聖書に見られるのはなぜでしょうか。少なくとも信仰に入ろうとする後世の人たちにとって大きな障害となることは、予測されてしかるべきだったでしょう。全知全能の創造主が背後にあるような聖書の内容が、当時の科学知識のレベルに迎合した結果、後に得られる科学的な知見で否定されるようなたとえ話を含むというのは釈然としません。しかも、宇宙の誕生、生命の起源と進化、人類の生まれる過程というような、我々の人生観の根幹をなす部分なのですから、なおさらです。

ところで、ダーウィンの進化論は少なくとも日本では疑う人はまず見かけません。しかし、米国では、宗教心の厚い人の間では、人間が進化の結果生まれたことを認める人は2％以下であり、宗教心の薄い人でも45％――つまり、半分以下――だというのですから驚きます【9-1】。米国では、州によって違いはあるものの、公立学校での進化論の教育を禁止する法律が長く存在しました。連邦最高裁判所がこの法律が違憲であると判断したのは1968年のことですから、そんなに遠い昔の話ではありません。ダーウィンが『種の起源』で進化論を発表してから100年以上も経過した後のことでした。

米国のNASAは、今までに50機を超える探査機を火星に送り込んでいます。我が国の打ち上げた火星探査機がわずか1機であるのと比べると、この数字が異様であるのが分かると思います。宇宙予算が日本に比して米国の方がはるかに多いので火星探査の規模も違うとも言えますが、予算規模だけでは納得できる違いではありません。なぜ、NASAは火星にこのように強い関心を持っているのか。それは、火星にかって生命が存在した可能性があるからです。多くの日本人の感覚としては、火星に生命の痕跡が発見されてもそれほどの驚きはないでしょう。しかし、キリスト教文明圏の人にとっては、もし地球以外の場所に生命が存在したということが分かれば——たとえ、それが原始的な微生物であっても——衝撃的な発見だと思います。幸か不幸かNASAのこのような努力にもかかわらず、火星ではまだ生命の痕跡は見つかっていません。しかし、火星にはかつて生命を育む可能性のある環境があったことは確認されているので、NASAの火星探査の努力は続いています。

神は隙間に？

科学と宗教の関係に関して、〝隙間の神（God of the gaps）〟という言葉があります。科学で解明されていないこと——いわば科学の隙間——が残っていると、それを超自然現象とみなして神の存在理由とする考え方です。宗教の側と科学の側、両方から、どちらかと言えば否定的に扱われている言葉です。例えば、雷、病気、洪水、日食な

【9-1】 Robert D. Putnam and David E. Campbell : American Grace, Simon & Schuster, 2010

どは昔は神の御業と考えられていたのが、科学の進歩で説明可能になったことで神の居場所が狭まってきて次第により狭い隙間に追いやられてきた、という経緯がありま す。

現在の科学で解っていない科学の隙間を神の存在の証にするのは、宗教側からするとリスクがあります。今までの歴史を振り返ると、科学の進歩が神の存在する隙間を次々と狭めてきたということは、先にご説明した通りです。現代の科学では未知の現象も、いずれ科学が進歩して解明される可能性が大きいと言えます。

例えば、現在でも生命の起源に関して科学では解明できていないので、生命の創造こそ神の御業であると主張する人もいます。しかし、いずれ生命の起源が科学的に解明されて人工的な生命が誕生した暁には、神の「隙間」がさらに狭まる事態が予想されます。宗教側の人たちも、多くは生命の起源を神の超自然的な御業とするのを避けるように警告しているのはそのためです。

宇宙論に関してはどうでしょうか。宗教側、科学側両方とも宇宙は変化しないものである――物理学者の言葉で言うなら定常的だ――と長らく信じてきました。世の中の常識を大胆にひっくり返したアインシュタインですら、宇宙の定常性は疑っておらず、1915～1916年に自ら完成した一般相対性理論と定常的な宇宙との間に折り合いをつけるのに苦慮しました。

　米国の天文学者エドウィン・ハッブルが、銀河は地球から離れていく――それも、遠い銀河ほど速い速度で離れていく――という観測結果を発表したのは、1929年のことです。これは宇宙が膨張していることを示していて、宇宙に始めがあったことは明白になったと言えます。それでも定常的な宇宙という観念を捨てることは容易ではなく、1948年には、宇宙は膨張していても常に新たに物質が宇宙空間に生まれていて密度は変わらないという説が発表されました。フレッド・ホイル、ヘルマン・ボンディ、トーマス・ゴールドらによる、いわゆる定常宇宙論です。

　定常宇宙論は、何もない宇宙空間に物質が出現することが前提なので、質量保存の法則が破れてしまいます。それにもかかわらず、当時の宇宙論の研究者の間で一定の支持を得ました。定常宇宙論は、宇宙に始まりと終わりはなく、無限の昔から永遠の未来まで宇宙の構造は変化することはない、という当時の常識に沿っていたからです。宇宙の定常性の常識の方が、質量保存の常識よりも重視されたわけですね。

　しかし、ホイルらの提案した定常宇宙論は、現在では旗色が悪く、ビッグバンにより宇宙が始まったという説がほぼ定説となっています。ビッグバン説によれば、宇宙誕生の直後は宇宙は超高温、超高密度の小さな「火の玉」状態だったとされます。火の玉宇宙はやがて膨張に伴って次第に冷えてゆき、宇宙誕生から138億年経過した現代では宇宙背景放射と呼ばれる2.7K（マイナス270・4℃）の電波が観測されます。これはいわば、火の玉の名残の光ですね。1964年に米国のアーノ・ペンジアスとロバート・ウィルソンが偶然その背景放射を発見してビッグバン説を強く支持する結果になり、ノーベル賞の受賞につながりました。

その後、気球や人工衛星を用いて宇宙背景放射に関する精密な観測値が得られ、理論値と極めてよく一致することが確かめられました。その結果、ビッグバン説がさらに有力な理論として多くの宇宙論の研究者に受け入れられるようになり現在に至っています。

しかし、当初のビッグバン説にも科学では合理的な説明ができない不思議な点がいくつかあり、それぞれに神が登場する余地がありました。まさに隙間の神です。宇宙論に関して、その隙間をもう少しだけ覗いてみることにしましょう。

宇宙の始まりには神が必要か？

ビッグバン理論は、そもそも爆発に先立って、なぜ火の玉――つまり、猛烈な高圧と超高温の極度に小さな塊――が生じたのかは説明できません。ひとたびビッグバンが始まったと仮定すれば、その後は科学で論理的に大きな矛盾なしに宇宙の進化が説明できるのですが、始まりの仕組みは謎のままでした。

そのため、ビッグバンの初期条件は（科学の進歩とは無関係に）原理的に説明できない――したがって、火の玉を創ったのは神である――という主張は一定の説得力を持っていました。それに加えて、ビッグバンでは解くことのできないいくつかの深刻な疑問が他にもあり、そこにも神が登場する余地がありました。しかし、やがてそれらはいずれも「隙間の神」の典型的な例であるらしいことが分かってきました。

ビッグバンは宇宙誕生から始まったのではなく、その直前に実はインフレーション宇宙という別の現象があったという有力な説が出てきたことは、前章でお話しした通りです。ビッグバンでは説明できず、謎とされていたいくつかの困難な課題――しばしば神の登場する科学の隙間――の多くが、インフレーション宇宙説で説明できることが分かってきたのです。

インフレーション宇宙説が解明した謎の中でも特筆大書すべきは、ビッグバン以前の、一見何もない真空からマジックのようにエネルギーが湧き出たことです。そのエネルギーが、やがて星になり、銀河になり、惑星になる、そして生物が生まれたという過程が説明できるようになりました（アインシュタインの有名な式$E=mc^2$に象徴されるように、エネルギーと物質は等価で相互に変換可能なのですね）。

初期の宇宙がインフレーション理論に則って急激な膨張をすると、宇宙が持っていたエネルギーは急速に薄まって膨張が止まるように思えます。しかし、実際は膨張してもエネルギーは薄まることがなく、一定のエネルギー密度——つまり、単位体積当たりのエネルギー——を同じ値に保ったまま膨張してゆきます。

ということは、宇宙が10倍の体積になれば、全体のエネルギーの量は10倍になる計算ですね。もちろん宇宙が1億倍の体積になれば1億倍の総エネルギーに、1兆倍の体積になれば1兆倍の総エネルギー量になるわけで、何やら無からエネルギーが生まれてくるマジックのように見えます。

しかし、ご安心ください。エネルギー保存の法則が破られたわけではありません。ゴムバンドを引き伸ばすとゴムに蓄えられるエネルギーが増加するのに似ていて、宇宙の膨張そのものが物理の法則に従ってエネルギーを生み出してきたのです。
そして、インフレーションを推進している宇宙の持つ高いエネルギーが突然、低いエネルギーに移ることがあります。相転移と呼ばれる現象で、急膨張が終わりを告げて緩やかな膨張が始まります。この緩やかな膨張がいわゆるビッグバンで、それは現在まで138億年続いているわけです。もっとも、最近の観測によれば、60億年前に再度、加速膨張が始まり、現在は2回目のインフレーション中であることが分かっています。ただし、今回のインフレーションは、宇宙誕生直後に比べると桁違いに緩慢な膨張です。

宇宙インフレーションで真空中にマジックのように生み出されたエネルギーは、その直後に始まるビッグバンのいわば初期条件を創り出しているわけです。

このインフレーション宇宙説が初めて発表されたのは1981年のことですが、それ以来今に至るまでインフレーション宇宙論は多くの研究者により、さまざまなモデルが検討されています。例えば、この理論の元祖の一人である佐藤勝彦博士は、インフレーションによる宇宙の膨張は10の43乗倍と見積もっています【9-1】。10の43乗倍

【9-1】　佐藤勝彦：『インフレーション宇宙論』講談社、2010年

という数字は日常的な感覚では到底想像することのできない途方もない大きさ――1億倍の1億倍、さらにその1億倍……と、5回繰り返した結果を1000倍した大きさ――です。そのような宇宙のとてつもない膨張が、1秒間の10の34乗分の1という短時間――1秒を1兆に分割し、その結果をもう一度1兆に分割、その結果を100億に分割した時間――に起こったというのですから、考えてみると頭がクラクラするような急激な膨張ですね。

ビッグバンの初期条件となる超高温・超高圧の火の玉宇宙という謎は、インフレーション宇宙の理論で解決できるというお話をしました。しかし、それでは初期の真空が高いエネルギーを持っていたのはなぜでしょうか。ビッグバンの初期条件の謎が解けたとしても、インフレーションの初期条件までさかのぼると、真空のエネルギーという謎にぶち当たります。この謎に関しては科学で解答がいくつか提案されていますが、いずれもまだ推測の域を出ておらず現代科学の「隙間」の一つであると言ってよいでしょう。

また、一部の研究者はインフレーション理論に否定的な見解を持っていてこの理論の当否に関する論争は今でも続いています【9-2】【9-3】。論点の一つに初期条件の問題があります。初期状態がちょっと異なると、その後の宇宙の様子が大きく違ってくるという問題がインフレーション理論の特徴です。それだけさまざまな宇宙が生まれる可能性を秘めた理論だと言えます。一方、この理論の否定派は、インフレーション理論はどんな宇宙にでも（初期状態を少し調整するだけで）適用できるということは、何も予測していないに等しいと批判しています。

「始まり」をさかのぼると？

宇宙誕生に際して、初期条件の設定は神の御業であるという宗教側の主張も、時代により、そして人により違いがありますが、典型的な例は以下の通りです。

神は全知・全能であるけれども、日々宇宙で起こっているすべての事柄――素粒子レベルの細部から、数千億以上あるといわれる銀河の動きまで――を司っているわけではない。神は宇宙誕生の始めの状態を（物理学者の言葉で言うなら初期条件を）設定し、かつ物理法則を創造しただけで、後は放置された。そして、その法則に従って

【9-2】 Anna Ijjas, Paul J. Steinhardt and Abraham Loeb: Pop Goes the Universe, Scientific American, February 2017
【9-3】 Alan Guth, Andrei Linde, David Kaiser, Yasunori Nomura et al.:A Cosmic Controversy, Scientific American, May 2017

宇宙は展開している。インフレーションしかり、ビッグバンしかり、その後の銀河の誕生しかり、惑星の運動しかり、生命の誕生と進化しかり……というわけです。

神の自然への関与を初期条件の設定と物理法則の創造に限定するのは、科学者の信者に多く、例えば、イギリスの優れた物理学者であり教会の司祭でもあるジョン・ポルキングホーンの説明【9-4】を筆者なりに解釈すると次のようになります。

*****ポルキングホーンの説明*****

世の中には自然災害や病など不条理な不幸に見舞われて、苦悩する人が大勢いる。何の罪もない子どもが、災害で両親を亡くしたり、疫病で短い生命を終えたりするのは、いかにも不合理だ。限りない善と全能の神が、このような不合理な不幸を一部の人たちに強いるのはどうしてか。それは、（ポルキングホーンの主張によれば）神が日々の人々の生活の細部にすべて介入して操作をしているわけではないからだ。神は宇宙開闢（かいびゃく）の初期条件を決め、その後の自然法則を設定して、その後は法則通りに宇宙が展開するのに任せている。

では、なぜ日々の宇宙の現象すべてに介入なさらないか。それは、偶然による新しい発展、進化を許すためだ。時計仕掛けのように、すべてが固定して展開する無味乾燥な世界を避けるため人間に自由意志を与えたのも、また、生物が遺伝子のランダムな組み合わせと突然変異の後に自然選択で進化をしていくのもそのためである。その結果、現世では、一部には一見不合理な不幸に遭遇する人があるのは、やむを得ないという神のご判断だった。

＊＊＊＊＊＊＊＊＊＊

ポルキングホーンは司祭であると同時に優れた科学者でもあるので、科学でまだ解明されていないことをむやみに神の御業であるとはしません。いずれ科学が進歩すれば分かってくるかもしれないと考えていて、「隙間の神」をはっきり否定しています。そのような立場の司祭が、世の中の一部の人を襲う不合理な不幸をこのように説明せざるを得ないのは、理解できますが、必ずしも万人を納得させる説明であるとは言えないように思います。

【9-4】 John Polkinghorne : Quarks, Chaos & Christianity, A Crossroad Book, 1994, 2005

ポルキングホーンに代表される科学者に共通の「物理法則は神が創造した」という見方も、無神論を主張する科学者との間の議論の対象になっています。

ある状態の始まりに注目して、大雑把に整理してみましょう。

疑問：宇宙誕生後の初期の星たちはどうやって生まれたの？

答え：宇宙に漂う水素やヘリウムなどのガス分子が重力により集まって初期の星ができました。

疑問：では、そのガスはどうやって生まれたの？

答え：宇宙誕生の直後、ビッグバンによって水素やヘリウムなどを主成分とする分子がばらまかれました。

疑問：では、ビッグバンではどうやって水素やヘリウムの分子ができたの？

答え：ビッグバンの直前にインフレーションと呼ばれる宇宙の猛烈な急膨張があり、そこで見かけ上、宇宙のエネルギーが増えて、そのエネルギーがゆっくりしたビッグバン膨張に移るときに相転移して、物質や放射線に変わりました。

疑問：では、インフレーションはどうやって始まったの？

答え：真空の非常に高いエネルギーが、宇宙を膨張させました。

疑問：では、その非常に高い真空のエネルギーはどうやって生まれたの？

このように、ある理論の初期条件設定の謎を別の理論で解いても、さらにその仕組みを生んだ初期条件が謎として出現するのですから、永遠にいたちごっこが続いてしまいそうです。そのいたちごっこをクリアするには、超自然の力を持つ創造主――神――が必要だ、という主張には一定の説得力があります。つまり、いくら科学が進歩したとしても、神の登場する「隙間」は必ず出現するわけですね。ただし、その隙間は時代によって次々と変化し、ある時代の科学の最先端の知識の一歩先に移動するに過ぎません。

そして、あらゆる現象が科学で説明可能となったとき、つまり「万物の理論」が完成した暁には、科学の隙間は完全に消失することになるのでしょうか。現在、超弦理論という理論が万物の理論の有力な候補の一つとみなされています。万物の理論は多くの研究者が探し求めていて、今後の観測や実験と理論的な研究の両面の進展が期待されます。しかし、完全に自然が理解できる万物の理論が完成しても、依然として神の存在を主張する議論は続くかもしれません。それについて、少し考察を進めてみましょう。ここまでの議論は、科学の研究者の多くが認めている一定の客観性を持っているように思います。しかし、ここから先は筆者の主観がもう少しだけ前面に出てくるかもしれません。

物理法則と神

物理学の歴史をみると、自然が人類に提示する壮大な宇宙のパズルの中で今までに解くことができた部分は、いずれも美しい数学で記述されています。自然はどうしてこのように数学で理解できるのでしょうか。「世界について永久に理解できないことは、世界が理解できるということだ」とはアインシュタインの言葉です。

前章でご紹介したように、マックス・テグマークという物理学者は、宇宙は数学で記述できるどころか、数学的な構造そのものが宇宙であると言っています。宇宙の森羅万象は煎じ詰めれば、量子場と名付けられた、やや抽象的な場の振動に帰するという見方は物理学の世界ではほぼ確立していることを考えると、テグマークの一見過激な主張もそれほど荒唐無稽ではないようにも思えてきます。

一方、万物の創造を神の御業であると説く宗教界の人たちは、美しい数学の体系で説明をしてきた科学に対して、どのような考え方をしているのでしょうか。ひとくくりに宗教界の人といっても意見には幅があり、また時間とともに――科学の進展に従って――変化しています。しかし、宗教界の代表的な主張の一つは、物理法則は究極の合理性を備えた神がお創りになったからこそ、このように美しい数学で表現される、という考え方です。もし、設計者としての全能の神が存在しなければ、このような美しい数学的な体系で宇宙が記述できるはずはない――その結果、宇宙は混沌としていて、混沌だと判断する知的生物などは影も形もない――し、もっと言えば、数学的な合理性を備えた物理法則がなければ、生物どころかそもそも宇宙そのものが存在できない、という主張です。

では、物理法則がよって立つ基盤である数学は、果たして神が創造できるものなのでしょうか。それを少し詳しく考えてみることにしましょう。

数学は創造できるか?

数学は発見するものか、それとも発明するものか、というのは古代ギリシャ時代から論争の対象で、いまだに決着はしていないようです。発見派の主張は、数学の定理は人間とは独立に成立するもので、たとえ人類がいなくても厳然と存在しているとします。発明派の主張は、数学の定理は人間が創り出すもので、人類がいなければ数学は存在しないとします。さらに、数学は人間の発見と発明の両方からなる、という折衷派もいます。

筆者はガリガリの発見派に与(くみ)します。例えば、1プラス1が2になるという命題は、人間が創ることはできないし、いかに工夫しても変更することはできそうもありません。つまり、発明の対象にはなりえません。

数学の計算テクニックで、特殊な技巧を工夫して問題を解決するときに、その技巧は発明であるとも言えそうで、やや微妙ですが、隠れていた技法を発見したという方が自然だと思います。また、技巧的な手法そのものは数学の本質とは少し距離があり、数学の真理を理解するための道具であるとするなら、その手法は発明であると定義することもできるでしょう。

数学の体系を見渡すとき、美しい秩序に感動させられます。この秩序は人間の思考とは独立に存在していて、人間が変えることはできないということは、多くの人が賛成するのではないでしょうか。では、宇宙の創造主である神は、この数学の秩序を変更することができるでしょうか。答えは否だと思います。1プラス1を3にすることは、神にもできない。

数学の体系のごく一部分であっても、神は変更することはできないし、いわんや体系全体を創造することは、到底できない。つまり、仮に宇宙の創造主が存在したとしても、数学の壮大で美しい体系は宇宙の創造とは独立に永遠の昔から存在していた、と考えるのが自然だと思います。

では、神は物理法則を創造できるのでしょうか。物理法則を超越した奇跡を行うことができる創造主は、当然、物理法則を超越している。そもそも宇宙の創造は、物理法則に則って行うことではなさそうです。

しかし、これに関してはちょっとややこしい議論が必要かもしれません。というのは、物理法則は、数学に全面的に頼っているからです。もし、数学の体系が宇宙の誕生とは独立に、永遠の過去から永遠の未来まで存在していて、神が数学体系を創造したのではないし、その一部を改変することすらできないとするなら、数学に全面的に頼っている物理法則の創造や改変にも制約が存在することでしょう。

例えば、科学者が求めている万物の理論が発見されたとしましょう。宇宙の起源と進化、そして宇宙の中のすべての現象はこの理論から数学的に導くことができるはずです。時間や場所を問わず変化しない物理の定数――いわゆる物理定数――の(願わくは)すべてが、この理論から導かれる。例えば、光の速さ、電子の電荷、万有引力定数、ボルツマン定数などなどは、今までは〝問答無用〟と天から降ってきた値を使ってきたわけですが、万物の理論により、いちいちその値の必然性が示されるわけです。あらゆる物理法則はすべて、この万物の理論から派生する。言い換えるなら、万物の理論から数学により導かれる。そして、数学の体系を神が変更できないとすると、あらゆる物理法則は変更できないことになります。

その場合、唯一の、そして最大の例外は、万物の理論そのものを創造し改変することです。それこそが神の御業である、という主張が成立します。さらに、ここで仮定した万物の理論にもある種の物理定数が現れるとすれば、その定数は神が変更可能であると言うことができます。

このように思考実験として万物の理論が完成したとしても、依然として宇宙は神により創造されたという主張は残るでしょう。しかも、科学と宗教の争点がより先鋭化した状態になるかもしれません。つまり、ここまで煮詰まると、科学は宇宙存在の不思議を万物の理論の一点に帰し、宗教は神の力を万物の理論の創造一点に帰すことになりそうです。

神を信じる科学者の多くは、科学に最後まで残る根源的な不思議さを神と言い換えるだけでよいと説明します。宇宙のすべての仕組みは、万物の理論という物理法則で解明される。そしてその法則は、永遠の過去から永遠の未来まで存在していて、誰もそれに手をつけることはできない……とするなら、これは本当に不思議な話で、万物の理論の由来を知りたくなります。そして、その由来を神と呼んでも不思議さは変わらないけれども、ある種の安心感を生むのかもしれません。

将来、科学が進歩した結果、最後に残る、人知の及ばない究極の不思議さをそのまま飲むか、それを神と呼んで飲むか、ほとんど違いがないようにもみえます。

しかし、宗教が説く神は、宇宙の創造者として設計の意図を持っているという点で、科学上の不思議さとは決定的に異なります。神の持つ宇宙設計に関する意図は、人間はこのように生きるべきであるという道徳律につながるからです。あらゆる宗教は神の意志に基づいて「かく生きるべし」という掟、あるいはもう少し緩い教訓を示しています。さらに、その掟や教訓は死後の世界を約束して永遠の生命を前提にしているという点で、科学とは相容(あいい)れません。そして、今後もその対立は激しくなることはあっても解消することはないでしょう。

宇宙は無数にあるのか？

科学と宗教の関係を考えるとき避けて通れない論点の一つに、多元宇宙論がありま す。パラレル宇宙、多世界宇宙などと呼ばれる宇宙もあり、これらの呼称の違いがそのよって立つ理論により、内容の差異を意味することもありますが、いずれにしろ、宇宙がたくさんあるという意味では共通です。

「私たちの宇宙」と言うときには、暗に他にも宇宙があることを前提にしています。英語で宇宙のことをユニバースというときの「ユニ」は一つという意味なので、宇宙が実はたくさんあるとするとマルチバースとなります。多元宇宙にもさまざまな種類が提案されていて、大変興味深いのですが、そのうちの一つ、インフレーション理論の示す多元宇宙を少し覗いてみましょう。

宇宙誕生の直後、ビッグバンの直前に宇宙インフレーションと呼ばれる急速な宇宙の膨張過程が存在しているという説を先にご紹介しました。この説は、その後の観測からも支持され、ビッグバン説に伴ういくつかの本質的な疑問点を解決してくれることが分かってきました。そのため、多くの研究者に有力視され、さまざまなモデルが提案されてきました。そして注目すべきは、それらのモデルが「私たちの宇宙」とは別の宇宙が無数にあることを示していることです。宇宙インフレーション説を採るなら、多元宇宙も認める結果になります。ひと昔前にはＳＦの話だと思われていた多元宇宙が、現実味を帯びてきたと言ってよいでしょう。

しかも、宇宙インフレーション理論が描き出す無数の宇宙では、それぞれ異なる物理法則が成立し、物理定数が異なるというのですから驚きます。しかし、残念ながら無数に存在する宇宙相互の間では因果関係を持つことができず、別の宇宙を観測することができません。もし、異なる宇宙の間で情報の交換もできず、またあらゆる相互作用が不可能だとすれば、その宇宙は直接実証することができないということになり、多元宇宙論は科学ではないという主張もあります。

科学は、理論的な予測が観測や実験で実証されるときにのみ、成立する学問です。もし、実証ができないで予測だけを好き勝手にするなら、オカルトと違いはありません。

といっても、科学者が提案する仮説が正しいことを立証するために、その仮説から帰結されるあらゆる予測を観測や実験で実証する必要はありません。ちょっと話が込み入ってきたので、簡単な例をご覧にいれましょう。

例えば、ある仮説Xが100種の予測（X_1、X_2、X_3……X_{100}）をして、その中の99種の予測（例えばX_1〜X_{99}）が観測によって正しいと分かったとしましょう。このとき、すべての予測が実証されなくても、仮説Xは、ほぼ正しいと信じることができるでしょう。その結果、観測による実証が不可能な100番目の予測X_{100}も、ほぼ正しいと信じることができます。

一般相対性理論がブラックホールの存在を予測したときに、ブラックホールそのものは観測できなくても、多くの人たちはその存在をほぼ信じることができたのを思い出してください。つまり、一般相対性理論が数多くの予測をして、それらが観測や実験で確認できた結果として一般相対性理論は正しいと信じ、次のステップとして、観測不可能なブラックホールの存在もほぼ正しいと信じてきたわけです。

「ほぼ」というのは重要で、「必ず」とは言えません。例えば、ニュートン力学は日常のスケールではほぼ正しいのですが、実はある条件下では間違っていて、相対性理論や量子力学がニュートン力学に取って代わることになります。

多元宇宙説は、それと同じ意味でほぼ正しいと言えそうだ……と宇宙論の研究者の多くが考えます。インフレーション宇宙が多くの観測によりほぼ正しいと認められたとすると、観測で実証できない予測――多元宇宙の存在――も認めざるを得ないわけですね。

ここからは、予測結果を出発点とした、その先の予測になってしまいますが、無数に存在する宇宙の中には、知的生物がいることも容易に想像できます。

筆者自身も、当初はどうしても多元宇宙論はＳＦの世界の面白いオハナシだという思い込みを打ち消すことができず、懐疑的でした。しかし、インフレーション宇宙論が気球や科学衛星などを利用した先端的な観測技術で裏付けられるのを見て、次第に考えが変わりました。インフレーション理論を認める限り、たとえ不承不承であっても、多元宇宙を認めざるを得ないのです。

私たちの宇宙とは別の宇宙が無数にあり、その中にはごく稀に生物そして知的生命体がいるに違いない。そして、無数の宇宙の中の「ごく稀」は、実はやはり無数なのですから、その中には本書の読者であるあなたとまったく同じ生活をして、今現在、この本の同じページを読んでいる方が無数にいることでしょう。私たちの日常の常識を覆して、こんな驚くべき空想をさせてくれる科学って、ほんとうに素晴らしいではありませんか。

もし宇宙の創造者としての神が存在するなら、この無数の宇宙も、そしてそこにいる知的生命体も、私たちの宇宙や人類とともに創造したのでしょうか。かつて地動説や進化論が登場したときと類似の深刻な課題を多元宇宙が宗教に示しているように思います。

第 10 章

常識はあやうい

人間の感覚はすべて幻想？

本書の「はじめに」では、人間の常識は狭い水槽で暮らす熱帯魚の常識と本質的には変わらないかもしれない、などと少し過激なことを言いました。第2章では、私たちが日頃当たり前だと思い込んでいる、いわゆる常識がいかに偏った限定的なものかというお話をしました。本書を終わる前に、本章でもう一度この問題に戻り、人間の常識のあやうさについて考えてみることにしましょう。

前の章で科学と神の関係を宇宙論の分野で見てきました。人間の素朴な目で夜空を見上げると、美しい星空は不思議に満ちていて、ちっぽけな人間は圧倒されます。そこに創造主の意図を感じ取るのは、ごく自然なことでしょう。昔の人々にとっては、神の存在は疑いをはさむことなど考えられない常識だったことでしょう。いや、昔の人に限らず、今でも多くの人たちが宇宙の創造を神の御業であると固く信じています。

一方、科学は少しずつ宇宙の成り立ち、そしてその起源と進化を明らかにして、古くからの素朴な常識を覆してきました。その結果、ブラックホール、ビッグバン、さらにインフレーション宇宙、多元宇宙など、およそ日常の常識を超えた理論が次第に受け入れられるようになってきました。

旧来の常識に反する現象が見つかったときに、科学者はどの常識を疑うかという問題に絶えず直面してきました。科学の進歩は新しい常識の選択の連続の上に実現してきた、とみることができるでしょう。地動説、進化論、量子論、相対性理論といった科学のブレークスルーは、いずれもそれまでの常識を捨てることで生まれました。

第1章でお話ししたように、私たちの科学の常識は、はじめは人間の感覚を通して身の回りの現象を理解するところから始まりました。しかし、そもそも人間の感覚というのは極めて偏っていて、私たちが暗に信じているような客観性を備えたものではありません。

例えば、視覚——中でも色——を取り上げてみましょう。信号機の色で交通が制御されているように、色は客観的な感覚であると信じられています。しかし、実は赤という色は物理の世界には存在しません。ある波長領域の電磁波が人間には赤に感じられるというだけで、人間が感じ取っている赤という色を物理で客観的に定義することは不可能なのです。赤色の波長領域を定義しても、それは人間の感じている主観的な赤を定義したことにはならないわけですね。もちろん人間の脳をいくら綿密に調べてみても赤は見つかりません。

第2章で、A君の感じている赤とB君の感じている赤が同じかどうかは、検証が不可能であることを紹介しました。これは例えば、長さや質量が客観性を持って定義できるのと大きな違いです（もっとも長さは、それを見ている座標系によって異なるというのがアインシュタインの特殊相対性理論の示すところです）。極言すれば、色は人間の持つ幻想であり、実世界には存在しないと言ってよいでしょう。

同様なことが、聴覚についても言えます。私たちが耳で聞いている音は、どんな高級な楽器の音も、そして素敵なソプラノ歌手の歌声も、空気の複雑な振動に過ぎず、その振動波形を物理的に解析することが可能です。例えば、ド・レ・ミ・ファ……という音階に対応する空気の振動を解析して音程を特定することは、フーリエ解析と呼ばれる手法で容易に実現できます。さらに、それがバイオリンの音なのかピアノの音なのかなどをコンピューターが判定することも、現在のＡＩ技術を使えば容易です。しかし、実際に人間が聞いているバイオリンの音色がA君とB君で同じである、という検証は不可能です。つまり、空気の振動を精密に解析して、楽器の音色を分類することは可能でも、人間の感覚の領域での音色を客観的に記述することは永久にできないでしょう。ですから、音色というのは人間の幻想であり実世界には存在しない、という見方もできます。

視覚と聴覚について私たちの感覚には客観性がないというお話をしましたが、実は我々の持つあらゆる感覚に対して、同様の客観性の欠如を指摘することができます。味覚、触覚、痛覚、圧覚、かゆみの感覚、寒暖の感覚など、あらゆる感覚は人間の脳の中に作られた物理化学的な反応の主観的な表現に過ぎず、現実の世界に存在するものではない――つまり幻想である――という見方もできるでしょう。

さらに言うなら、このような客観性を欠いた感覚を基礎にして人類が作り上げてきた常識がいかに頼りないものか、極論するなら常識は幻想だということが納得できるのではないでしょうか。科学はこのような頼りなさを可能な限り排除して、ものごとを客観的に理解しようとする試みであると言えるでしょう。

といっても科学の領域でも、しばしば過去の誤った常識に惑わされて必ずしも客観的な結論にたどり着けないことが起こるのはやむをえません。あの天才アインシュタインですら、宇宙は永遠の過去から未来まで変化しない――定常的な宇宙――という当時の常識にとらわれて、一般相対性理論の発表にあたりある種のご乱心だったことは、先にご紹介した通りです。

常識のあやうさ

例えば、あなたの庭に一辺が1メートルの立方体の鉛の塊がドンと置いてあるとしましょう。何の目的の鉛かは問わないことにします。重さは11トンほど、車でいえばコンパクトカー10台に匹敵するので、あなた一人では持ち上げることはもちろん、押して動かすこともできないでしょう。しっかりした形があり、表面は少し青みがかった灰色、もちろん塊の向こう側の景色は遮られて見えません。このような鉛の状態の記述は、あくまでも人間の環境の常識に沿った表現であることは言うまでもありません。

まず、鉛が塊であるというのは必ずしも普遍的な状態ではありません。表面温度が460℃もある金星の表面に置いてあれば、溶けて液体になるのでドロドロと流れ出すでしょうし、太陽の表面に置いてあれば6000℃もの高温の環境で蒸発して気体になって四散してしまいます。重力が地球表面の1000億倍もあるような中性子星の表面に置いたら、鉛分子はバラバラになって原子核や電子に分解されてしまいます。私たちの慣れ親しんでいる地球表面という環境では鉛は塊であることが常識となっていますが、それは普遍的な事実であるとは到底言えません。

また、この鉛の塊は重さが11トンと言いましたが、これも地球の特殊事情です。月に持って行けば1.8トンほど、火星では4トンほどの重さですし、「はやぶさ2」が着陸した小惑星「リュウグウ」に持っていけば、なんと140グラムほどの重さしかありません。逆に重くなる方の極限としては、中性子星に持って行けば1兆トンもの重さになります。もっとも中性子星に鉛を持って行ったら、たちまち鉛分子がバラバラになってしまい塊ではなくなってしまうことは先にお話しした通りです。とにかく、地球上での鉛の重さ11トンが宇宙での標準的な値だなんて言えそうもないことだけは明らかですね。

あなたの庭に置かれた一辺1メートルの立方体の鉛の塊は、どっしりと存在感がありそうです。しかし、それは人間の感覚の特殊事情によっています。例えば、ニュートリノという素粒子は、この鉛の塊を平気で通り抜けてゆきます。人間が鉛の塊を目で確認するのは表面での光の反射によるわけですが、それは光の粒子——つまり光子——が鉛の中を通り抜けることができず、ある波長領域では反射されるからです。思考実験として、もし人間の視神経が光子ではなくニュートリノに反応するようにできていたら、鉛の塊は無色透明、その存在を目で確かめることはできないでしょう。

でも、目ではなく手で触ってその存在を知ることができるではないか、という反論が聞こえてきそうです。しかし、触覚とは人間の皮膚が鉛の分子に当たったときに反発力を受けて初めて機能する感覚です。思考実験を進めて、もし人間の手がニュートリノでできていたら、鉛の塊はスカスカで私たちの手は鉛の中をスーッと通ってしまうでしょう。つまり、鉛の塊は皮膚では存在を確認することができません。

視覚でも触覚でも確認できないような鉛の塊は、人間の常識では存在しないに等しいでしょうね。ちょうど、ウィルスが人間の感覚だけでは直接その存在が確かめられないのに似ています。

もちろん、ニュートリノでできた人間なんてありえませんが、この思考実験で考えてみたいことは、鉛の塊を見たり触ったりして——つまり、人間の感覚を通して——作られる常識は、ある種の条件下でのみ成り立つ頼りないものであり、普遍性や客観性を主張するには注意が必要だということです。

そもそも、物体を構成する最小単位である素粒子までさかのぼると、その実態は私たちが日頃、感覚によって認識している物体の常識的なイメージとは、まったくかけ離れてしまいます。素粒子を数学的に理解するには、量子場の理論と呼ばれる数学的な枠組みが用いられます。

この理論によれば、空間に存在するある種の場の振動――粗密の規則的な変動が素粒子です。もう少し厳密に言うと、空間と時間は別々に扱うことはできないので、両方を合わせた時空のなかの振動が素粒子。素粒子が集まって原子や分子、そして物体ができます。真空は空っぽだというのが私たちの常識ですが、実は真空はさまざまな素粒子ごとの異なる時空構造の集まり――素粒子ごとの場の重ね合わせ――により構成され、ある素粒子の場の振動がその素粒子そのもの、つまりあらゆる物体の究極の元になるわけです。振動といっても私たちの日常生活でみられる、例えば車のエンジンによる車体の振動のように空間で物体が規則的に動く現象とは違い、場という抽象的な構造の周期的な変動です。

場の振動のイメージの理解を助けるために、私たちの常識の世界で用いられる振動という言葉をしばしば借ります。しかし、例えばクォーク場の振動である素粒子（クォーク）の大きさは、直径が10^{-16}センチメートル以下です。私たちが肉眼で判別できる大きさの限界――分解能――は0・01センチメートルほどですが、クォークは何とその限界の10^{-14}倍、つまり1兆分の1のさらに100分の1程度の大きさしかないことになります。こんなに小さな素粒子は、肉眼はもちろん、どのような顕微鏡を持ってきても見ることはできません。最新鋭の電子顕微鏡で見える限界の1億分の1ほどの大きさです。

つまり、クォークに対応する量子場の振動は、大きさからいっても、またその実体の抽象性からいっても、人間の（幻想とも言える）視覚でもそして触覚でも、まったく捉えることはできません。本書の第8章で、テグマークという物理学者が「宇宙のあらゆる実体は数学的構造である」と主張していることをご紹介しました。量子場という抽象的な場の振動が宇宙に存在する全物質の究極の構成要素であるという命題は科学的に確立した概念なのですから、ちょっと考えると過激なテグマークの主張が必ずしも荒唐無稽ではないような気がしてくるではありませんか。そして、私たちホモサピエンスが20万年かけて営々として築き上げてきた常識なるものが、ガラガラと音を立てて崩れていくような気がするのではないでしょうか。

ロボットの持っている常識

人間のあらゆる感覚は現実の世界には存在しない幻想だ、という考え方を前節でご紹介しました。そして幻想の感覚によって作られた常識は頼りないものだ、というのがその帰結として言えるというお話をしました。

ここで少し脱線して、人間に少しでも近いロボットを開発したいと考えている（たぶん、ほとんどの）ＡＩ研究者や技術者にとって、人間の感覚の理解はかなり高いハードルとなっている、というお話をしたいと思います。

このところのＡＩやロボットの技術の進歩には、目を見張るものがあります。近い将来、人間の仕事の多くはＡＩを備えたロボットに取って代わられ、世の中は失業者があふれるのではないかという心配が現実味をおびてきました。２０４５年には、全雇用の90％はロボットに置き換えられるであろうと予測する研究者もいます【10-1】。しかし、今のロボットがいかに進歩しても、現在の延長線上の技術ではロボットには代替できない職業が必ず残ります。それはどうしてでしょうか。理由を考える前にＡＩ技術の現状を見てみましょう。

現代のＡＩブームを支えているのは深層学習と呼ばれる技術で、過去の膨大なデー

【10-1】井上智洋：『人工知能と経済の未来』文藝春秋、２０１６年

タを学んだロボットが、多くの場合に人間を超えた能力を発揮するのが特徴です。しかし、この方法に依存するロボットには、次のような限界が見えています。

今の技術では、ロボットは心を持つことができません。心とはあいまいな言葉で、現在の研究レベルでは、その定義すら明確にすることができていませんが、ここではあいまいなままで話を進めることにします。

あたかも心を持っているようにふるまうロボットを作ることはそんなに難しくありませんが、それは本当に心を持っているのとはまったく異なります。喜怒哀楽を含むさまざまな感情を表現するロボットはすでに開発されていますが、それはロボットの感情の発露だとは考えにくい。例えば、ロボットにやさしく話しかけたら嬉しそうに返事をしたとしても、それはロボットに心があるからではありません。話しかけるという入力に対して、笑顔で答えるという出力が得られるよう複雑にプログラムされているにすぎません。

あるロボットが散歩に行こうか、仕事を続行しようかと迷ったとします。そして、散歩を選択したとしましょう。その様子を見て、ロボットが自由意志を持っているとは言い難い。やはり、あるかなり複雑な条件下で、散歩を選択するようにプログラムされているだけです。それどころか、人間にも自由意志はない、単に脳の物理化学的な必然の反応の結果を、あたかも自由に選択したと錯覚するように脳ができている、という説もあります。

現在のＡＩ技術の主役である深層学習の方法が将来いかに洗練されても、ロボットは心を持っているようなふりをするのが上手になるだけで、決して真に心を持つには至りません。もっともこれに関しては研究者の間でも大議論があり、人間だって心を持つ「ふり」を、より複雑な条件で脳がプログラム化しているに過ぎない――言い換えれば、人間の脳は自身が心を持っているような幻想を抱くように設計されているに過ぎない――という見解もあります。

それはともかく、仮に人間が独特な心を持っているとしましょう。筆者は心を持つのと、いかに巧みであっても、心を持つふりをするのとは、まったく異なると思っています。そして、ロボットが心を持つふりを脱して真に心を持つようになることは、深層学習の延長線上のＡＩ技術では永遠に実現できないと思っています。

つまり、ロボットが心を持つようになるには、ＡＩ技術に新たなブレークスルーが必要で、それがどんな技術なのか、そしてそのブレークスルーがいつ実現するかの予測は難しい。おそらく、100年以上先の話でしょう【10-2】。

そして、それまでは、心を必要とする仕事は人間が独占することになります。例えば、心のこもったおもてなしをする接客業、心が通じ合うことが要求される教師、カウンセラー、医師、営業マンなどです。ちなみに政治家は心が通じたような「ふり」をするのがうまいだけで、本当に心が通じるようなことはないので、早晩、ロボットで代替できる職業でしょう（笑）。

冗談はともかく、ここで本題に戻ります。つまり、心を持った未来のロボットには、本来ならば人間の感覚を持ってほしい。人間が赤いと感じる対象を本当に赤いと思う（単に反射光の波長分析ではない）。転べば、本当に痛いと思う（単に転倒に伴う衝撃力の測定ではない）。バイオリンの音を美しいと感じる（単なる空気振動のフーリエ解析ではない）。しかし、前にもお話ししたように、これらの感覚は物理学の言葉で客観的に記述することが不可能——つまり、物理的な世界に実在しない——で、ある意味では人間の幻想に過ぎないわけです。したがって、ロボットが人間とまったく同じ感覚、そして心を持つことは絶望的に困難でしょう。

しかしロボットは、ロボット固有の感覚、そして心を持ちうる。もちろんロボットの心は人間とはかなり異なるけれど、ロボットが人間の心を想像し思いやることはできると思います。逆に人間はロボットの心を体験することはできないので、ロボットに対する理解には限界はある。しかし、ロボットの心を尊重することはできます。ちょうど、現代人が異なる国の異文化を尊重し、たとえ相互の文化を同じ感覚で捉えることができなくても、理解を深めようと努力するのと同じです。

未来のロボットの感覚と人間の感覚が異質であるということは、両者の常識も異なるということです。例えば、量子論では光や電子が波であり、同時に粒子でもあるという二重性が知られていますが、これは人間の日常的な常識に反する事実で、直感的な理解を超えています。しかし、ロボットにとっては何の問題もなく理解できることかもしれません。人間にとっては不可解な波と粒子の二重性は、ロボットにとっては木から引力によりリンゴが落ちるような常識的な事実かもしれません。

もっともロボットの常識が、必ずしも普遍的な事実に合致しているとは言えないでしょう。未来のロボットが独特の感覚で世界を捉えているとするなら、その感覚で獲

【10-2】中谷一郎：『意志を持ちはじめるロボット』KKベストセラーズ、2016年

得する常識は、やはり客観性を備えているとは言えません。

人間の持つ常識とロボットの持つ常識の違いをもう少し具体的に考えてみましょう。一番際立った違いは死生観です。人間にとって生きるとは何か、その裏返しとしての死とは何か。これは大変大きな課題で、古今東西の思想の原点であると言ってよいでしょう。意識を持つに至ったロボットが人間と大きく異なるのは、死の観念が希薄だということです。

ロボットは人工的な脳として、コンピューターを持っているとしましょう。つまり、ロボットの記憶、意識、そして心は、すべてコンピューター内の電気信号で表現されている。ということは、この電気信号のバックアップを常に備えておくのは何の困難もないでしょう。完璧なバックアップとしての意識がある限り、ロボットに人間のような意味での死はありえません。たとえロボットが修理不可能な損傷を受けても、壊れる前の記憶と意識をバックアップのメモリから再生して、新しいロボットが引き継ぐことができるからです。つまり、ロボットは永遠の生命を持つと言ってよいでしょう。

そして、死のない文明は、人類の文明とは大きく異なります。例えば、人類の長い歴史で営々として取り組んできた宗教や倫理、法律、政治などに関するあらゆる思想の原点は死にあることは古今東西、一貫しています。

人類は死を何よりも恐れ、何とかして死を避けるか、それが叶わないときには先延ばしにしようとする。したがって、殺人が最も重大な罪であるとされています。死で一人の人間の活動が終わるので、それを大前提にしてよい生き方を論ずる。さらに、ほとんどの宗教では死後の世界——来世——がいかなるところなのかを示すことが、最重要課題となっています。ロボットに死の概念がないとすると、このような思想体系が根本から変わってしまう。結果として、文明そのものがまったく違ってくることでしょう。

宇宙人の持っている常識

未来のロボットが心を持つようになって、どのような常識を持つかについて考えてみましたが、ここではさらに飛躍して、我々とは別の宇宙にいる知的生物の常識を考えてみましょう。無数にある「別の宇宙」とは、原理的に情報を交換することができないので、因果関係を持つこともできないというお話を前章でしました。多くは私たちの宇宙とは異なる物理法則が支配していて、そんな宇宙には生物がいるのかいないのか、いるとすればどのような生物なのか皆目見当がつきません。

しかし、ここでは想像力をたくましくして、そのような宇宙の一つUxに知的生物が存在するとしましょう。彼らはどのような常識を持っているのでしょうか。私たちは宇宙Uxとは情報の交換はできないし、相互に影響を及ぼすことは一切できないので、彼らがどのような常識を持っていても私たちとは無縁ですし、もちろん彼らの常識を検証することもできません。こうなると、物理学ではなく、SFの扱う範囲ですが、宇宙Uxの知的生物は、少なくとも私たちとはまったく異なる常識を持っていることは間違いありません。ひとまず私たちの常識を点検しながら、想像力をたくましくしてみましょう。

まず、時間です。時間は生き物の定義にも重要な役割を果たす概念で、生まれてから成長し、やがて年を経て最後にはこの世を去るという過程は、時間の経過なくしてはありえません。時間は、いわば生物存在の基盤だと言ってよいでしょう。しかし、この当たり前に思える時間という概念は、私たちの宇宙の中ですらさまざまな議論があることは、第8章で触れました。時間とは何か、研究者の間で共通の概念ができているとは到底言えません。少なくとも、私たちが常識的に認識している時間は幻想であるという主張（例えば【10-3】）は、かなり説得力がありそうです。いわんや、我々の宇宙とは物理法則が異なる宇宙Uxにおける時間がいかなるものか、どんな特性を持っているかなどは、私たちには想像するのが大変困難です。

例えば、宇宙Uxの知的生物は、次のような常識を持っているかもしれません。

・時間には向きがない。つまり、彼らは過去、現在、未来を自由に行ったり来たりするのが常識。タイムマシンならぬ、タイム自転車やタイムオートバイなどが量販店で安売りされています。タイムトラベルの観光会社が、団体のタイムトラベルを提供しています。そして、宇宙Uxにおける生物というのは、誕生↓成長↓老衰↓死などという基本的な変遷とは別の概念の定義があるのでしょう。

・1次元ではなく、2次元または3次元の時間、なんていうのが彼らの日常的な常識。

・実数時間ではなく、ホーキング博士が提案した虚数時間が彼らの日常の時間である。彼らの時間をtとするとt^2はマイナスの数です。

【10-3】カルロ・ロヴェッリ、冨永星訳：『時間は存在しない』NHK出版、2019年

時間に関する妄想はこれくらいにして、次は空間の常識。私たちには3次元空間が一番分かりやすい。一つ次元を増やして4次元空間といっただけで頭がこんがらがってきます。超弦理論のように10次元だの11次元だのいわれると、筆者などは想像してみる元気もでません。しかし、宇宙Uxに住む知的生物にとっての空間に関する常識は、例えば次のように（我々から見ると！）奇妙なものかもしれません。

・11次元の世界を日常的に認識していて、彼らの常識を構成している。
・宇宙Uxから見ると、わずか3次元の空間に閉じ込められた私たちは、憐れむべき窮屈な生活を余儀なくされているように思われる。
・逆に3次元空間を常識とする私たちから宇宙Uxの住人を見ると、瞬時に移動したり、魔法のように消失、出現、変形してしまうことが日常的に起こる。

少なくとも物理学者の間では常識となっている時間と空間の概念――時空――は、（私たちの宇宙で偶然成り立っている）特殊相対性理論から生まれる概念です。特殊相対性理論が成立しない宇宙、したがって、そもそも時間や空間の概念が違ってくる宇宙を想定する必要があることになります。

さて、このような不思議な時空に住む生物の環境はどのようなものでしょうか。

物質の究極の元となる素粒子が、宇宙Uxではまったく異なるので、物質の概念が私たちの日常からはかけ離れています。私たちの元素に相当するものが存在するのか否かすら、定かではありません。しかし、知的生物は一定の複雑な機能を実現するためには、さまざまな元素（に対応するもの）の組み合わせが必要でしょう。

もちろん、私たちが日常的に目にする元素――いわゆる周期表に出てくる元素――とはまったく異なるでしょう。固体、液体、気体という違う姿もまた、我々の常識とは異なっているでしょう。

私たちが物質と呼ぶ対象は、手で触れ、目で見る、肌で温度を感じ、そして場合によっては鼻で匂いを嗅いだり、舌で味をみたりする対象です。つまり人間の持っている感覚を通して物質を認識するわけです。科学の発達に伴って、顕微鏡や望遠鏡、リトマス試験紙やガイガーカウンター、さらには人工衛星、海底探査機などを動員して、人間の体が持っているセンサーだけでは検出できないものにも認識の範囲を拡大してきました。

一方、宇宙Uxに住んでいる生命体は、いかなるセンサーで何を検出しているのでしょうか。そもそも物質に相当するものを文章で表現しようとすると、どうしても私たちの体に備わったセンサーを通した表現になります。例えば、「カチッとした岩のような物体」とか「ちょろちょろ流れる水のようなもの」などは、宇宙Uxに住んでいる生命体にとっては「スカスカなとりとめのない物体」であったり「あるのかないのか分からないような希薄なエネルギーの波のようなもの」であったりするかもしれませんし、場合によっては私たちのいわゆる物質は、彼らには直接は感じることのできない不思議な存在で、彼らの発明した特殊な装置を用いて初めて検出できる対象かもしれません。それとは逆に、彼らの物質（相当のもの）は、私たちには感じることすらできない可能性があります。私たちの常識と宇宙Uxに住む生物の常識とは、まったく重なるところのないすれ違いのような関係にあっても不思議ではありません。

　宇宙Uxの生物の情報処理の器官――私たちの脳に相当する器官――は、どのような仕組みで機能しているのでしょうか。私たちの脳は電気信号を物理・化学的な方法で処理しています。しかし、宇宙Uxでは物質が私たちの物質とはまったく異なるので、物理・化学反応（があるとして）も異質な反応でしょう。例えば、我々のコンピューターのように、電気信号が直接生物の情報処理を行っていて、しかも電気の伝達速度が私たちの宇宙よりもずっとずっと高速――例えば、私たちの光速の10^9倍（つまり

10億倍）――だと想定してみましょう。そうなると、彼らの情報処理速度は私たちよりも桁違いに速い、つまり頭の回転が速い、ということになります。ホモサピエンスが20万年かけて構築した現代文明のレベルに、（私たちの時間スケールでは）２時間足らずで到達してしまうかもしれません。

ＳＦのようなお話はこれくらいにしたいと思いますが、このような考察から読者は何を感じ取られたでしょうか。おそらく、私たちの常識が極めて特殊だということではないでしょうか。無数にある宇宙の中で私たちは極めて特殊な環境を与えられ、それが普遍的だと信じて生きているわけですね。

本書をお読みになったみなさんは、ぜひこのような「非」常識の視点からもう一度世界を眺め直してみることをお勧めします。そして、不思議に満ち満ちたこの「私たちの宇宙」が、何と興味深くできているのか、見直してみるのも楽しいかもしれません。

おわりに

自然界は私たちの日常的な知識――言い換えるなら私たちの常識――では手に負えないような不思議に満ち満ちています。一方、人類はあらゆることに対して、なぜだろう、どうなっているのだろう、過去はどうだったのだろう、未来はどうなるのだろうというような疑問を持ち、好奇心にかられて自然の仕組みを少しずつ解明してきました。この好奇心こそが科学の進歩の原動力でしょう。

そして、自然界の不思議の中でも宇宙の成り立ち、そして起源と進化の解明を目指している宇宙論は、人類の好奇心の格好の対象の一つだと言えるでしょう。

本書では、私たちが日常的に当然であるとして疑うことなどない常識がいかにあやういかを見てきました。そして、人類の持つ常識は、ごくごく限られた極めて特殊な条件下でのみ成り立つことを宇宙に関する科学の成果を例として調べてきました。

科学はすでに主な発見をし尽してしまっていて、今後は比較的マイナーな落穂ひろいのような仕事しか残っていない、という悲観論は昔から繰り返し唱えられてきました。しかし、少なくとも宇宙論の分野では、ワクワクするような未知の分野が残っています。いいえ、「残っている」というのはやや不適切で、むしろ好奇心をかきたてるような不思議な事象が次々と現れて、人類の挑戦を煽っているように見えます。到底、科学が終わりに近づいているなどとは思えません。

そして、多くの人にとって日常的な経験だけで作られた常識が人生のすべてであるというのは、いかにも残念だというのが筆者の率直な感想です。人間の目、耳、鼻、舌、肌などで直接感じ取る世界は、極めて限定的で偏っています。現代の科学は、先端的な技術に支えられた特殊な道具を使って、日常の世界を大きく離れた非日常の世界を描き出しています。科学衛星、電子顕微鏡、惑星探査機、大型加速器、巨大な望遠鏡などは、人間の日常的な感覚を超えた驚くような世界を見せてくれる、ある種の拡張現実の手段とでも呼べるような道具なのです。

いったん常識を捨てて、頭がクラクラするようなこの不思議な「非」常識の世界を覗いてみましょう。本書の「はじめに」に登場した水槽の中の熱帯魚のアナロジーで言うなら、日常という水槽から飛び出し、想像力を全開にしてこの果てしない宇宙に思いを巡らせてみましょう。本書が読者に、そのきっかけをいささかなりとも提供できたとすれば、筆者にとってはこの上ない喜びです。

索引

中谷一郎

なかたに・いちろう

宇宙航空研究開発機構(JAXA)名誉教授、および愛知工科大学名誉教授。1972年東京大学大学院博士課程修了(工学博士)。その後、電電公社電気通信研究所にて通信衛星の研究に携わる。1981年より宇宙科学研究所(現JAXA)にて、科学衛星および打ち上げロケットの開発を手掛ける。Mロケット、火星探査機「のぞみ」、小惑星探査機「はやぶさ」搭載のローバの開発などの宇宙科学プロジェクトに従事。この間、東京大学大学院教授、国際宇宙大学評議員などを併任。現在は、宇宙科学、ロボットなどの啓蒙活動に従事している。

デザイン　本橋雅文(orangebird)

イラスト　ヤギワタル

編集協力　出雲安見子

企画協力　おかのきんや(企画のたまご屋さん)

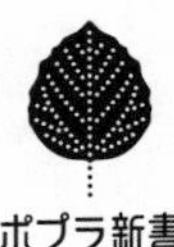

ポプラ新書
220

JAXAの先生! 宇宙のきほんを
教えてください!

2022年1月11日 第1刷発行

著者
中谷一郎

発行者
千葉 均

編集
碇 耕一

発行所
株式会社 ポプラ社
〒102-8519 東京都千代田区麹町 4-2-6
一般書ホームページ www.webasta.jp

ブックデザイン
鈴木成一デザイン室

印刷・製本
図書印刷株式会社

N.D.C.440/295P/18cm ISBN978-4-591-17225-4

P8201220